高职高专电子信息类课改规划教材

Java语言程序设计

主　编　姚海军

副主编　陈　洁　陈卫卫

主　审　杨利荣

西安电子科技大学出版社

内 容 简 介

本书按照"零基础学 Java"的要求编写,着重介绍了 Java 程序的开发平台、Java 语言基本语法和句法、Java 的基本程序结构、类和对象、继承、多态等相关知识,使读者系统掌握 Java 的基础理论,为后期 Java 的高级应用及 JavaWeb 等课程的进一步学习奠定良好的基础。

本书作为软件技术专业第一门语言基础课教材,旨在培养学生分析、解读和编写 Java 应用程序的能力和逻辑思维能力,同时培养良好的编程习惯和职业素养。本书也可作为其他专业学生学习 Java 语言的教材和参考书。

图书在版编目(CIP)数据

Java 语言程序设计 / 姚海军主编. —西安:西安电子科技大学出版社,2020.6
ISBN 978-7-5606-5483-6

Ⅰ. ① J… Ⅱ. ① 姚… Ⅲ. ① JAVA 语言—程序设计—高等学校—教材 Ⅳ. ① TP312.8

中国版本图书馆 CIP 数据核字(2019)第 275705 号

策划编辑 毛红兵
责任编辑 刘炳桢 毛红兵
出版发行 西安电子科技大学出版社(西安市太白南路 2 号)
电   话 (029)88242885 88201467   邮   编 710071
网   址 www.xduph.com   电子邮箱 xdupfxb001@163.com
经   销 新华书店
印刷单位 陕西天意印务有限责任公司
版   次 2020 年 6 月第 1 版   2020 年 6 月第 1 次印刷
开   本 787 毫米×1092 毫米 1/16   印   张 11.5
字   数 268 千字
印   数 1~3000 册
定   价 26.00 元
ISBN   978-7-5606-5483-6/TP
XDUP   5785001-1
如有印装问题可调换

前　言

"Java 语言程序设计"是计算机各专业的基础课程，要求学生能够了解编程的一般过程及编程规范，并熟练掌握 Java 语言程序开发工具。

本书分为基础编程篇和 Java 面向对象编程篇两部分。

基础编程篇共四章：认识 Java、Java 语言基础、Java 结构化程序设计、数组与字符串。由于本书的读者对象是"零基础"的初学者，编者参考自然语言的教学方法，按照由浅入深、循序渐进的原则编写相关内容。本篇以"任务引导、理实结合、边学边练、便于教学"为主要特色，具体表现在：

(1) 将自然语言的教学方法渗透到 Java 语言的教学当中，通过字(字符集)、词(关键字和标识符)、句(Java 语句)、篇(程序设计)的学习，让学生感受到语言的学习是相通的。

(2) 实施理论与实践一体化的教学模式，使学生在学习理论知识的同时，提高编程语言的应用能力和实际操作能力。

(3) 编排合理，系统讲解各知识点，有利于学生继续学习和提升专业能力。

(4) 通过任务的分析与学习，使读者不但掌握了理论，更重要的是学会了结构化程序设计思想，把理论与学习目的有机地结合在一起。

(5) 在编写过程中，始终注意编程规范，旨在培养学生的编程习惯和基本职业素养。

(6) 案例的选择集知识性、趣味性、实用性于一体，以提高学生学习 Java 语言的兴趣。

Java 面向对象编程篇共两章：学生类和用户管理。本篇以"项目引导，理实一体化"的教学方式将面向对象的抽象性、继承性、多态性巧妙地结合在项目中，淡化理论，重在实践，以会应用为终极目的。

本书由西安航空职业技术学院姚海军任主编，并完成第 1、2、3 章的编写任务；陈洁任第一副主编，完成第 5、6 章的编写任务；陈卫卫任第二副主编，完成第 4 章的编写任务。西安航空职业技术学院杨利荣任主审。

本书在编写过程中，得到了西安航空职业技术学院软件教研室同事的大力支持，并提出了很多宝贵意见，在此一并表示感谢。

由于编者的水平有限，书中不足之处在所难免，恳请广大读者和同行批评指正。

编　者

2020 年 2 月

目　　录

第一部分　基础编程篇

第二部分 Java 面向对象编程篇

第一部分

基础编程篇

第 1 章　认识 Java

单元概述

　　本单元以任务为向导，使读者了解 Java 程序设计语言的发展、特点及应用，并详细介绍 Java JDK 环境的搭建过程，以及在 JDK 和 Eclipse 环境下的 Java 应用程序和 Java 小程序的开发过程。

目的与要求

- 了解 Java 语言的发展史
- 了解 Java 语言的特点及应用领域
- 知道 Java 应用平台的版本及其适用范围
- 熟悉 Java 应用开发环境及开发过程

重点与难点

- JDK 环境搭建
- Java 程序的基本结构
- 基于 DOS 的 JDK 开发工具下的 Java 应用程序和 Java 小程序的开发步骤
- 基于 Windows 的 Eclipse 环境下的 Java 应用程序和 Java 小程序的开发步骤

1.1　项 目 任 务

　　用 Java 语言在电脑控制台和网页中输出"Hello World！"。

1.2　项 目 解 析

　　Java 程序主要有 Java 应用程序(Java Application)和 Java 小程序(Java Applet)两大类。Java 应用程序是一个可以独立执行的程序，该程序中必须包含一个实现应用程序入口的 main() 方法；而 Java 小程序不能独立执行，也没有 main() 方法，它必须嵌在网页中运行。这两种程序都可以实现"Hello World！"的输出。

1.3　技术准备

1.3.1　Java 的来历

街道、广场上的电子广告，出租车上滚动的文字广告，公交车上的电子报站系统，淘宝上琳琅满目的商品介绍，高德地图及其精准的 GPS 定位……这些与我们日常生活息息相关的科技应用，其实都与 Java 程序设计语言有千丝万缕的联系。

Java 是一门面向对象编程语言，它具有功能强大和简单易用两个特征。Java 语言作为静态面向对象编程语言的代表，极好地实现了面向对象理论，允许程序员以简捷的思维方式进行复杂的编程。

Java 是印度尼西亚爪哇岛的英文名称，因盛产咖啡而著名。Java 语言开发团队出于对咖啡的喜爱，以 Java 来命名该软件，因此 Java 的 LOGO "　" 也如一杯冒着热气的咖啡。

1.3.2　Java 语言的特点及应用领域

1. Java 语言的特点

Java 具有简单性、面向对象、分布性、解释性、健壮性、安全性、平台独立与可移植性、高性能、多线程、动态性等特点。Java 可以编写桌面应用程序、Web 应用程序、分布式系统和嵌入式系统应用程序等。

对于初学者，这些特点比较难于理解，在此就不展开叙述了。

2. Java 语言的应用领域

由于 Java 语言具有以上鲜明的特点，因此在安卓 APP 应用的开发、金融服务行业的应用、网站开发、实用软件及开发工具的编写与开发、第三方交易系统的开发、嵌入式系统的设计、大数据技术及科学应用等领域有着广泛的应用。

1.3.3　Java 语言的开发平台

SUN 公司针对 Java 程序设计在桌面系统、移动平台和企业级应用的不同特征，建立了三种不同的应用开发平台。

1. Java SE(Java Standard Editor，即 J2SE)——Java 标准版

J2SE 对应于桌面开发，可以开发基于控制台或图形用户界面的应用程序。J2SE 中包括了 Java 的基础库类，也是进一步学习其他两个分支(Java ME 和 Java EE)的基础。本书主要学习的是 Java SE 中基于控制台的应用程序的开发。

2. Java ME(Java Micro Editor，即 J2ME)——Java 精减版

J2ME 是为机顶盒、移动电话和 PDA 之类嵌入式消费电子设备提供的 Java 语言平台，

包括虚拟机和一系列标准化的 Java API。

3. Java EE(Java Enterprise Edition，即 J2EE)——Java 企业版

J2EE 用来开发和部署可移植、健壮、可伸缩且安全的服务器端 Java 应用程序。J2EE 是在 J2SE 基础上构建的，它提供 Web 服务、组件模型、管理和通信 API，可以用来实现企业级的面向服务体系结构(Service-Oriented Architecture，SOA)和 Java Web 应用程序开发。

1.3.4　Java 的程序分类

Java 程序分为以下四种类型。

1. Java Application——Java 应用程序

Java 应用程序是可以独立运行的程序，只要有 Java 虚拟机(JVM)即可。其他几种类型的程序都需要主机程序。

2. JavaApplet——Java 小程序

Java 小程序以 Web 浏览器为运行载体，即一般内嵌在 HTML 里。

3. Java Servlet

Java Servlet 是在服务器端运行的 Java 程序，可以动态地生成 Web 页面。Servlet 提供了大量的实用工具例程，例如自动地解析和解码 HTML 表单数据、读取和设置 HTTP 头、处理 Cookie、跟踪会话状态等。它在服务器上运行，当客户机访问时，Servlet 执行程序代码返回结果页面。

4. JavaBean

JavaBean 是一种用 Java 语言写成的可重用组件。为写成 JavaBean，类必须是具体的、公共的、具有无参数的构造方法。其主机应用程序可以是前几种类型的任意一种，也可以是另一个 JavaBean。

本书主要介绍 Java 应用程序开发所需要的基本技术。

1.3.5　Java 开发环境

1. JDK 开发环境

Java 开发工具包(Java Development Kit，JDK)是一个编写 Java 小程序和应用程序的程序开发环境。JDK 是整个 Java 的核心，包括了 Java 运行环境(Java Runtime Envirnment)、Java 工具和 Java 的核心类库(Java API)。不论哪种 Java 应用服务器，实质都是内置了某个版本的 JDK。主流的 JDK 是 SUN 公司发布的，除此之外，还有很多公司和组织都开发了自己的 JDK。例如 IBM 公司的 JDK、BEA 公司的 Jrocket、GNU 组织开发的 JDK 等。

2. Eclipse 集成开发环境

Eclipse 是一个开放源代码的、基于 Java 的可扩展开发平台。就其本身而言，它只是一个框架和一组服务，用于通过插件构建开发环境。幸运的是，Eclipse 附带了一个标准的插件集，包括 Java 开发工具。

3．MyEclipse 开发环境

MyEclipse 是在 Eclipse 的基础上加上一些插件开发而成的企业级集成开发环境，主要用于 Java、Java EE 以及移动应用的开发。MyEclipse 的功能非常强大，支持各种开源产品。

MyEclipse 企业级工作平台(MyEclipse Enterprise Workbench)是对 Eclipse IDE 的扩展，利用它可以在数据库和 Java EE 的开发、发布以及应用程序服务器的整合方面极大地提高工作效率。它是功能丰富的 Java EE 集成开发环境，包括了完备的编码、调试、测试和发布功能，完整支持 HTML、Struts、JSP、CSS、Javascript、Spring、SQL 和 Hibernate。

本书中的例程大多数都是在 MyEclipse 8.5 环境下编写完成的。

1.3.6　搭建 JDK 运行环境

在基于 Java 控制台的单机软件的开发过程中，JDK 一般需要对环境变量做一些配置才能保证程序的正常编译和运行，JDK 的配置涉及三个变量。

(1) JAVA_HOME：JDK 的根目录。这个变量可以不建立。

(2) classpath：JDK 提供的库类，也就是 JAVA_HOME 下 lib 目录中的 jar 文件。

(3) path：该环境变量是已经存在的，需要把 JAVA_HOME 的 bin 目录添加到 path 原值(系统 path 中有许多路径，Java 的 path 只是其中的一个)的适当位置。

变量名和值不区分大小写。本书使用的 JDK 存放在 D:\JDK\jdk1.8.0_25 下，使用的是 Windows 10 操作系统。环境变量的配置过程如下：

(1) 单击"我的电脑→计算机"，选择"属性"工具按钮，如图 1-1 所示。

图 1-1　"我的电脑"计算机标签页

(2) 在"系统"页面中，选择"高级系统设置"，如图 1-2 所示。

图 1-2　"我的电脑"系统设置页

(3) 进入"系统属性"设置对话框，依次单击"高级"标签和"环境变量"按钮，如图 1-3 所示。

图 1-3　"系统属性"设置对话框

(4) 单击"确定"按钮，进入"环境变量"设置对话框，在"系统变量"窗格(下窗格)中单击"新建"(或"编辑")按钮，进行环境变量的设置，如图 1-4 所示。

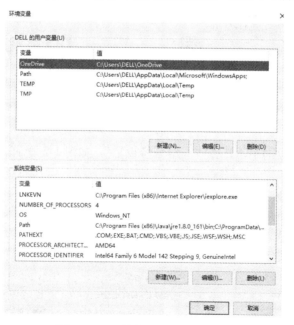

图 1-4　"环境变量"设置对话框

(5) 进入"新建系统变量"对话框，在"变量名"文本输入框中输入"JAVA_HOME"

(大小写不区分)，在"变量值"文本输入框中输入"D:\JDK\jdk1.8.0_25"(可通过浏览找到 JDK 的主路径)，如图 1-5 所示。

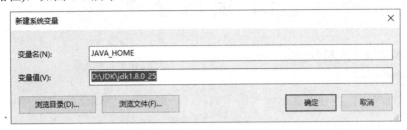

图 1-5　JAVA_HOME 变量设置

(6) 单击"确定"按钮，返回"环境变量"设置对话框，选择"Path"变量，然后单击"编辑"按钮。

(7) 在打开的"编辑环境变量"对话框中，选择"新建"按钮。编辑好变量值后，单击"确定"按钮，返回"编辑环境变量"对话框，如图 1-6 所示。可以通过单击"上移"或"下移"按钮来改变该参数在 Path 中的位置。

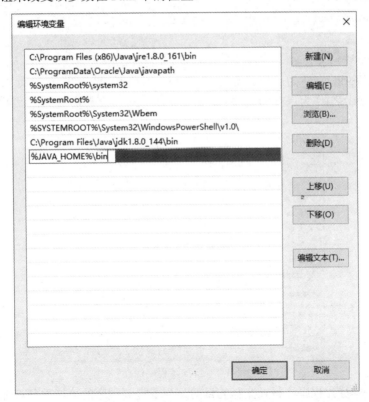

图 1-6　"编辑环境变量"对话框

(8) 在"环境变量"对话框的"系统变量"窗格中单击"新建"按钮，新建 classpath 变量，值为".;"。

事实上，可以不建立 JAVA_HOME 变量，直接编辑 Path 变量，并新建 classpath 变量即可。

一旦 JDK 环境搭建好，就可以进行 JDK 环境下的 Java 程序开发了。

1.4 项 目 学 做

1. JDK 环境下控制台输出"Hello World!"

1) 编辑源程序

Java 源程序可以在任何文本编辑器里编辑，一般使用记事本。在打开的记事本中输入如下代码：

```
1    /*
2    这是第一个应用程序
3    程序名为 HelloWorld
4    */
5    public class HelloWorld{
6        public static void main(String[] args){
7            System.out.println("Hello World!");
8        }
9    }
```

以"HelloWorld.java"为名保存源程序，类型为"所有文件"(注意：必须以 HelloWorld(即源程序的类(class)名)作为保存的文件名，扩展名为 java，文件类型选择"所有文件")，如图 1-7 所示。

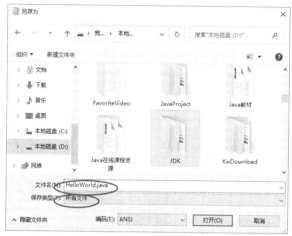

图 1-7 Java 源程序保存

说明：1～4 行为程序注释，注释的目的是为了提高程序的可读性和可理解性，不参与程序的编译和运行；5～9 行创建一个名为 HelloWorld 的类，其中 6～8 行创建 main()方法，每个 Java 应用程序都有且必须有一个 main()方法，它的书写格式总是这样的。

2) 编译源代码

单击"开始"菜单，选择"运行(R)"命令，在文本输入框中输入"CMD"，确定后进入命令提示符工作界面。在命令提示符下输入"javac HelloWorld.java"命令，如图 1-8 所示。对源程序进行编译，如果编译无误，生成同名的.class 文件。

图 1-8　编译源代码

这里需要介绍一下编译的概念。我们知道，计算机能够直接识别的只能是二进制的机器语言，而程序语言编辑的源文件都是文本文件，计算机不能直接识别运行，因此在程序运行前，必须通过翻译器将源码转换成机器语言，使得计算机能够识别并执行。经过翻译器转换后的结果称为字节码程序。编译器和解释器就是将源码转换成机器语言的两种"翻译"方式。

编译方式是指当用户将用高级语言编写的程序运行之前，编译器把源程序一次性地"翻译"为与机器语言等价的目标代码，然后计算机再执行这个目标程序，以完成源程序的运算、处理并获取结果，如 C 语言。

解释方式是指在程序运行时，解释器边扫描边解释，逐句输入、逐句解释、逐句执行，整个过程不生成目标代码，比如 Java 语言。

编译执行与解释执行的最大区别是：前者一次性地把源程序编译成计算机能够识别的目标程序，执行起来速度比较快，但编译后的目标程序只能在同一平台上运行(如 C 语言源程序)，如果是在 Windows 平台下编译的，离开 Windows 平台将无法正确执行；而解释执行是在将源程序逐句解释的同时逐句执行，因而执行速度受到一定的限制，但这种程序的执行往往不依赖特定的平台，即可以实现跨平台执行。

Java 语言是解释执行的高级语言，目前市场上流行的计算机平台以及大多数的移动设备平台，都有自己的 Java 解释器，并且各种平台下的 Java 解释器加上各自的 Java 类加载器、校验器等各种组件，统一封装成 Java 虚拟机(Java Virtual Machine，JVM)。Java 借助于不同的 JVM 可以做到程序只要书写一次，就可以在不同的计算机平台上执行，这就是 Java 语言的平台无关性，即 Java 的跨平台特性。

即使有了 JVM，Java 源程序也是不能直接被识别运行的。在 Java 源程序被 JVM 运行之前，还要通过编译，将源程序进行校验、优化等操作，生成一个与源程序一一对应的二进制中间字节码文件(class 文件)，这个字节码文件能被 JVM 识别并运行。

目前市场上流行的各种计算机系统都预安装了相应的 JVM，因此编译后的 Java 程序可以在任何平台上运行，真正实现了与平台无关。

3) 运行程序

编译成功后，在命令提示符下输入命令"java HelloWorld"，控制台将输出"Hello World!"，如图 1-9 所示。

图 1-9　运行 Java 应用程序

总之，一旦 JDK 系统参数正确配置之后，就可以进行 Java 程序的开发了。在 JDK 环境下 Java 应用程序开发的一般步骤是：编辑源代码→编译(javac)→解释执行(java)。

2．MyEclipse 环境下在控制台输出"Hello World!"

1）打开 MyEclipse

假定 MyEclipse 已经成功地安装在计算机上。双击 MyEclipse 应用图标，进入如图 1-10 所示的工作区选择界面。工作区就是一个存储 Java 工程的文件夹。

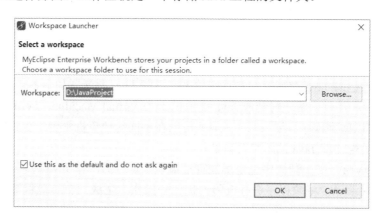

图 1-10　选择工作区

2）创建一个工程

在 Eclipse 工作界面单击"File→New→Java Project"，进入创建 java 工程的对话框，如图 1-11 所示。输入工程名"Ex"，单击"Finish"按钮，在工作区 Package Explorer 窗格中就会有 Ex 文件夹。

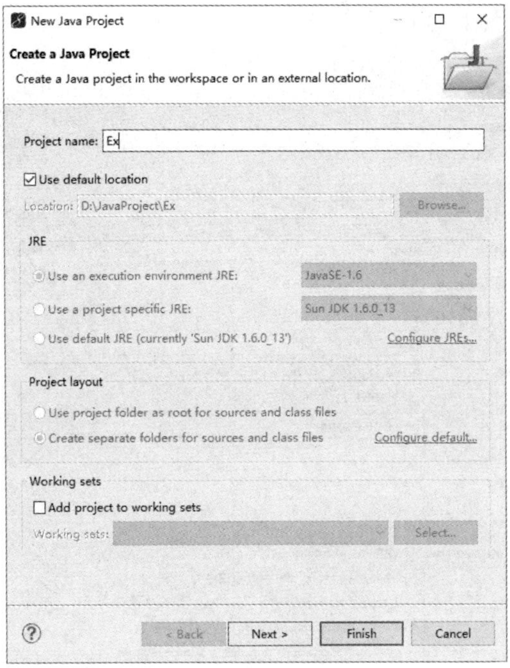

图 1-11　创建工程

3) 创建一个包

选择 Package Explorer 窗格中的 Ex 文件夹，单击"New→Package"或者"File→New →Package"，进入创建包对话框。输入包名"chap01"，单击"Finish"按钮，在工作区窗格中的 Ex 文件夹下就有了包 chap01，如图 1-12 所示。

图 1-12　创建包

4) 创建一个类

选择 Package Explorer 窗格中 Ex 文件夹下的 chap01，单击"New→Class"或者"File →New→Class"，进入创建类对话框，输入类名"HelloWorld"，勾选"public static void main(String[] args)", 如图 1-13 所示。

图 1-13　创建类

5) 编辑源代码

单击图 1-13 中的"Finish"按钮, 即可进入如图 1-14 所示的编辑源代码界面。在 main()
方法中适当位置添入代码。

图 1-14　工作界面

6) 运行程序

选择"run→运行程序", 或单击"工具"按钮 ⬤ , 或按"Ctrl+F11"组合键来运行程
序, 结果如图 1-15 所示。

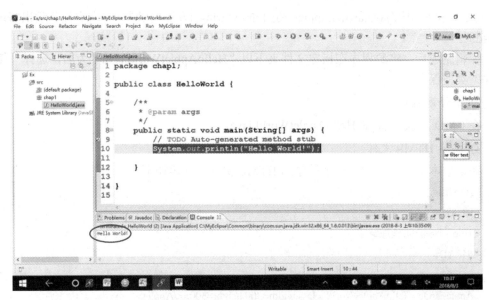

图 1-15　运行结果

以上是在 MyEclipse 8.5 环境下开发一个 Java 应用程序的过程。对于一个小的 Java 应用程序，完全可以跳过创建工程和创建包这两个环节，直接创建类就可以了。但是建议大家严格按照以上步骤操作，养成良好的编程习惯，对以后做工程大有好处。

3．JDK 环境下在网页中输出"Hello World！"

Java 小程序是运行在网页中的 Java 程序，是通过继承 Java Applet 实现的。

与 Java 应用程序开发过程类似，基于 JDK 的 Java 小程序的开发过程也需要在 JDK 环境配置好之后再进行编辑源代码、编译源程序、运行网页程序等环节，具体操作如下。

1) 编辑源代码

在记事本中编辑源代码并保存。

```
1.     /*
2.     第一个 Java 小程序
3.     */

4.     import java.applet.Applet;
5.     import java.awt.Graphics;

6.     public class HelloAppletWorld extends Applet {
7.         public void paint(Graphics g){
8.             g.drawString("Hello World!", 30, 30);
9.         }
10.    }
```

说明：1～3 行是程序注释；4～5 行是导入使用到的其他类；6 行是定义类 HelloAppletWorld，即创建的小程序必须继承自 java.applet.Applet；7～9 行是重写 paint()方法，其中 8 行是调用 java.awt.Graphics 类的 drawString()方法，在网页的指定位置输出"Hello World!"。

编辑完成后，将源程序在指定文件夹下以"HelloAppletWorld.java"为名，选择"任意文件"类型保存。

2) 编译源程序

在 CMD 下执行 javac HelloAppletWorld.java。

3) 编辑 HTML 文件

在记事本中编辑用于运行小程序的 HTML 文件，代码如下：

```
1   <HTML>
2   <HEAD>
3   <Title>小程序</TiTle>
4   </HEAD>
5   <BODY>
6   <Applet code=HelloAppletWorld .class width=300 height=300></Applet>
7   </BODY>
8   </HTML>
```

说明：第 6 行为关键代码，指明网页中嵌入的程序名称，以及网页页面的宽和高(像素数)。保存时，该文件以类名为主文件名，扩展名为"html"，文件类型为"任意文件"。

4) 运行 HTML 文件

在 CMD 下执行 appletviewer HelloAppletWorld.html，即可得到如图 1-16 所示的运行效果。

图 1-16　在网页中输出 Hello World!

总之，Java 小程序的开发过程与 Java 应用程序的开发过程类似，都要经过编辑源代码、编译和运行几个环节。不同的是，小程序必须继承 Applet 类，没有 main 方法，编译之后要嵌入在 HTML 文件中才能发布到网页上的，因此，还要编辑一个 HTML 文件，另外解释执行命令也不再是 java，而是 appletviwer，执行的不再是 class 文件，而是 html 文件。

4．MyEclipse 环境下在网页中输出"Hello World!"

1) 创建小程序类

开发 Java 小程序时，其创建工程、包的过程和开发 Java 应用程序一样，只是创建类时有所不同。

　　输入类名"HelloAppletWorld"之后，单击"Superclass"对应行后面的"Browse…"按钮，查找 Applet 包(或者直接在文本输入框中输入相应的内容)，一定不要勾选 main()方法，默认即可，如图 1-17 所示。

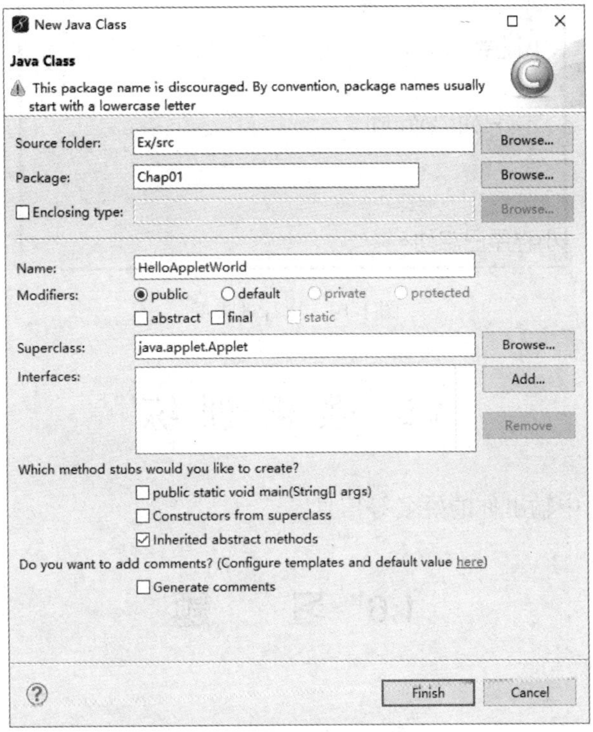

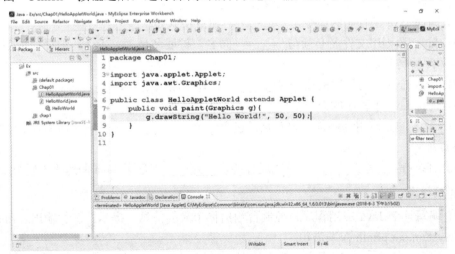

图 1-17　创建小程序类

2) 编辑源代码

单击"Finish"按钮之后，进行源代码编辑状态。输入源代码，如图 1-18 所示。

图 1-18　编辑小程序源代码

3) 运行小程序

运行小程序时，单击"运行"按钮，选择"运行 Java Applet"，或者在 run 菜单下直接选择"Run as→Java Applet"，可以得到如图 1-19 所示的运行效果。

图 1-19 运行效果图

1.5 强化训练

在控制台或网页中输出你的姓名等信息。

1.6 习   题

1. 填空题

(1) Java 语言的开创者是_____公司。

(2) Java 语言的三个分支(或三个版本)分别是_____、_____和_____。

(3) Java 程序一般分为_____和_____两大类。

(4) Java 应用程序的开发步骤一般有_____。

(5) 编译 Java 源程序的命令是_____，命令格式是_____。

(6) Java 源程序文件名必须与_____同名，扩展名是_____；编译完成后生成的字节码文件扩展名是_____。

(7) 运行 Java 应用程序的命令是_____，命令格式是_____。

(8) 运行 Java 小程序的命令是_____，命令格式是_____。

(9) 每个 Java 应用程序都必须有且只包含一个_____方法，它是应用程序运行的起点和终点。

(10) Java 语言是以_____方式运行的，_____保证了 Java 的跨平台特性。

2. 编程题

(1) 编写一个 Java 应用程序，控制台输出你个人的信息。提示：多行输出，可以使用多个"System.out.println();"语句。

(2) 编写一个 Java 应用程序，输出如图 1-20 所示的菱形图案。

```
        *
      *   *
    *       *
      *   *
        *
```

图 1-20　菱形图案

3. 操作题

登录 www.oracle.com 网站，注册一个账号，下载并安装 JDK 和 Eclipse 软件。

第 2 章 Java 语言基础

单元概述

语言都是相通的，都有自己的修辞、句法和语法，有自己的字、词、句、篇。Java 语言也不例外。作为目前较为流行的计算机语言之一，本章着重介绍 Java 语言用到的词(关键词，标识符)、数据类型、变量与常量、运算符及其表达式、句子类型和程序结构。

目的与要求

- 掌握 Java 语言标识符的规则
- 了解 Java 语言的关键字
- 了解 Java 语言的基本数据类型，理解这些基本数据类型数据的使用范围及规则
- 掌握常量与变量的定义规则，了解各种常量的使用特点
- 了解 Java 语言的运算符、结合性、优先级及相应的表达式
- 掌握算术运算符及算术表达式、赋值运算符及赋值表达式
- 理解在表达式中数据类型的自动转换和强制转换
- 理解转义字符的功能和意义
- 了解 Java 语言中句子的分类及其使用规则
- 了解 Java 应用程序的框架结构和编写规范
- 了解 Java 语言中注释的分类及其作用
- 掌握 Java 语言中常用的输入/输出方法

重点与难点

- 标识符与关键字的异同
- 理解 Java 语言基本数据类型及其数据的取值范围
- 常量的定义，尤其是常量赋值时的特殊要求
- 变量的声明、初始化与引用，变量的三要素
- 算术运算符及算术表达式，特别是整型数据的运算
- 程序中注释及其作用
- Java 键盘输入数据的方法，Scanner 类的使用
- Java 屏幕输出数据的方法
- Java 应用程序的框架结构

2.1　项 目 任 务

摄氏温度与华氏温度的转换。

通过键盘输入一个摄氏温度值，控制台输出对应的华氏温度值；反之通过键盘输入一个华氏温度值，控制台输出对应的摄氏温度值。

2.2　项 目 解 析

我们知道，在标准状态下，摄氏温度的冰点是 0°，而华氏温度的冰点是 32°；摄氏温度的沸点是 100°，而华氏温度的沸点是 180°。它们之间具有以下线性关系：

$$C = \frac{5}{9} \times (F - 32)$$

或

$$F = \frac{9 \times C}{5} + 32$$

其中，C 和 F 分别表示摄氏温度与华氏温度的变量。

要实现摄氏温度与华氏温度之间的转换，需要定义两个变量来存放这两个温度值，还要使用以上的函数式计算出结果并输出，这就需要用到本章的知识。

2.3　技 术 准 备

2.3.1　关键字与标识符

1. 关键字

关键字(Keyword)又称保留字，是事先定义好的具有特殊含义的单词。

Java 语法中有很多关键字，可以用来表示某种数据类型、流程控制或者权限控制等。

Java 关键字的字母都是小写。在 Eclipse 编程环境下，关键字都是以红色显示的。

Java 语言有以下 53 种关键字，如表 2-1 所示。

表 2-1　Java 语言关键字表

abstract	assert	boolean	break	byte	case	catch	char
class	const*	continue	def ault	do	double	else	enum
extends	false	final	finally	float	for	goto*	if
implements	import	instanceof	int	interface	long	native	nchronzed
new	null	package	private	protected	public	return	short
static	strictfp	super	switch	this	throw	throws	transient
true	try	void	volatile	while			

注：带*的 const 和 goto 为系统保留字，目前已不再使用。

每个关键字都有它自己特定的含义和作用。如 int、byte、short、long、float、double、char、boolen 是用于定义基本数据类型的；class 用于定义类；abstract 是用于定义抽象类和抽象方法的；public、private、pretected 是用于访问控制的；try、catch、throw、throws、finally 是用于异常处理的；enum 是用于定义枚举类型的。

2. 标识符

编写 Java 程序时，需要自定义一些名称，如类名、变量名、常量名、方法名、接口名、包名等，这些名字所使用的字符串称为标识符(Identifier)。也就是说，编程时凡是需要为对象起的名字都叫标识符。

标识符的命名规则如下：

(1) 标识符由字母、数字、下划线 "_"、美元符号 "$" 或者人民币符号 "￥" 组成，并且首字符不能是数字。

(2) 不能把关键字和保留字作为标识符。

(3) 标识符没有长度限制。

(4) 标识符对大小写敏感(即严格区分大小写)。

注意：尽量起有意义的名字，尽量做到见名知意，不要起类似 a1、a2 这样的名字。标识符尽量遵守以下命名规范，以便别人更好地解读你的代码。

- 包名：单词中所有字母都小写，如 xxx.yyy.aaabbb；
- 类名、接口名：所有单词的首字母大写，如 XxxYyy；
- 变量名、方法名：多个单词组成时，第一个单词小写，之后每个单词首字母大写，如 xxxYyyZzz；
- 常量名：所有字母全部大写，单词之间用下划线 "_" 隔开，如 XXX_YYY_ZZZ；
- 标识符可以使用中文字符，但是不提倡使用。

比如，下面的标识符是合法的：

myName，My_name，Points，$points，_sys_ta，PI

下面的标识符是非法的：

#name，25name，class，&time，if，a b

2.3.2 数据类型

在计算机系统中，各种字母、数字、符号的组合及语音、图形、图像等统称为数据，数据经过加工后就成为信息。数据是信息的表现形式和载体。

在计算机系统中，数据以二进制信息单元 0 和 1 "位"的形式表示。数据最小的寻址单位称为字节(通常是 8 位)。

数据类型的出现是为了把数据分成所需内存大小不同的数据，数据在内存中的存储是以其类型决定的。也可以这样理解，给某个数据定义了其数据类型，就决定了这个数据的取值和应用范围。

Java 数据类型分为基本数据类型(原始数据类型)和引用数据类型两大类，如图 2-1 所示。

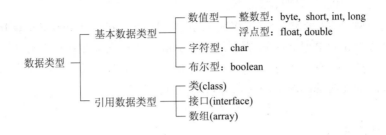

图 2-1　Java 数据类型图

1．基本数据类型

从图 2-1 可以清楚地看到，Java 的基本数据类型有三类八种，基本数据类型的数据一经创建，Java 就会立刻给它分配内存空间。每种基本数据类型所占内存空间的大小及其取值范围如表 2-2 所示。

表 2-2　基本数据类型

类型名			关键字	所占空间	取值范围
数值型	整数型	字节型	byte	1 字节	$-128 \sim 127$
		短整型	short	2 字节	$-2^{15} \sim 2^{15}-1$
		整型	int	4 字节	$-2^{31} \sim 2^{31}-1$
		长整型	long	8 字节	$-2^{63} \sim 2^{63}-1$
	浮点型	单精度浮点型	float	4 字节	$-3.4E+38 \sim 3.4E+38$
		双精度浮点型	double	8 字节	$-1.7976E+308 \sim 1.797693E+308$
字符型			char	2 字节	$0 \sim 65535$
布尔型			boolean	1 字节	true, false

说明：

① 整数型数据是整数集的真子集，浮点型是实数集的真子集，可以根据所用数据的大小来选择对应的数据类型。

② float 数据的有效位是 6～7 位；double 数据的有效位是 15～16 位。其实浮点型数据并不能取到连续的实数值，如双精度的负数可以取到 $-1.7976E+308 \sim -4.94065645841246544E-324$，正数可以取到 $4.94065645841246544E-324 \sim 1.797693E+308$。

③ Java 的字符采用 Unicode 编码，所以每个字符占两个字节的内存空间，字符与 0～65535 的整数一一对应。

④ 布尔型数据只有两个值：true(真)和 false(假)。

2．引用数据类型

引用数据类型包括类、接口和数组三种。

引用数据类型就是其数据在存储时存储的不是值而是一个内存中的地址的数据类型，也就是说，存储了这个数据的值所在内存中的地址，每次调用这个数据都是引用这个地址而得到真正的值，所以叫引用数据类型。

引用数据类型一般是通过 new 关键字来创建，比如 "Integer num = new Integer(3);"，它创建了一个值为 3 的整型 Integer 类型的对象 num，并把它存放在内存堆中。引用数据类型可以在运行时动态地分配内存大小，生存期也不必事先告诉编译器，当引用类型的数据不再被使用时，Java 内部的垃圾回收器会自动将其回收。

2.3.3 常量与变量

常量与变量(Constant and Variate)是数学中反映事物量的一对概念。常量亦称"常数"，是反映事物相对静止状态的量；变量亦称"变数"，是反映事物运动变化状态的量。

而在 Java 语言中，常量是公共的、静态的、不可改变的，必须有初始值(一旦赋值，不可改变)；而变量是可变的，值是不固定的。

1. 常量

除 byte 和 short 以外，Java 的其他基本数据类型都有其对应的常量形式。

1) 整型(int)常量

整型常量又分为二进制、八进制、十进制和十六进制整型常量。

二进制整型常量：由 0，1 组成，以 0b 或 0B 开头，如 0b1001。

八进制整型常量：由 0，1，…，7 组成，以 0 开头，如 055。

十进制整型常量：由 0，1，…，9 组成，整数默认是十进制的。

十六进制整型常量：由 0，1，…，9，a，b，c，d，e，f(大小写均可)组成，以 0x 或 0X 开头，如 0x55。

2) 长整型(long)常量

长整型常量必须以 L 或 l 作结尾，如 9L、342L。

注意：建议不要用"l"，以免与数字"1"混淆。

3) 单精度浮点型(float)常量

单精度浮点型常量的数据后面一定要加后缀 f 或 F，如 3.14f、3.14F。

4) 双精度浮点型(double)常量

双精度浮点型常量的数据可以有后缀 d 或 D，也可以不加，如 3.14d、3.14D、3.14。浮点数常量的默认类型是 double 型，也就是说，如果小数后边不加后缀，则默认是双精度型。

5) 字符型(char)常量

一个字符型常量就是一个 Unicode 码，一个字符占 2 字节，使用时必须用单引号括起来，如'A'、'b'、'\t'。

6) 布尔型(boolean)常量

布尔型仅有两个常量：true 和 false。

2. 变量

变量是编程语言中最基本的概念，计算机在处理数据的过程中都需要把数据临时或永久地保存。比如计算三角形面积时，需要使用两个变量来记录三角形的底和高，然后通过公式计算出三角形的面积，而面积的值又需要另一个变量来保存。这个过程大致是这样的：

```
变量 底=10;              //三角形的底
变量 高=10;              //三角形的高
变量 面积=底*高/2         //三角形的面积
```

变量就是计算机内存中存放数据的单元，当把数据赋给变量时，实际上就是把数据存储到变量所占用的内存空间中。为了区分不同的变量，给每个变量用唯一的标识符命名。

和所有的计算机语言一样，Java 语言在使用变量前必须先定义，即为变量分配相应的内存空间。一旦内存分配给了某个变量，该变量就一直使用该内存，直到不再需要为止，届时系统将自动回收这片内存。

变量的定义格式：

数据类型   变量名[=初始值];

变量的定义包括三个方面，即变量的三要素：数据类型、变量名和初始值。数据类型决定这个变量的取值范围和存储空间的大小；变量名是与其他变量区分的标识，必须是 Java 合法的标识符；初始值是变量保存在存储空间的初值。

给变量赋初始值的过程就是变量的初始化。变量的初始化可以与定义同时进行，也可以先声明然后再初始化，如：

```
int base=10;            //声明的同时进行初始化
```

或

```
int    base;            //先声明
base=10;                //再初始化
```

变量在使用前必须初始化，否则会出现变量未初始化的编译错误。特别注意，变量的初始化值类型必须与变量定义类型一致，或者是比变量定义类型小的类型数据，如：

```
int i=3.4;              //是错误的，3.4 不是整型数
float f1=3.4;           //是错误的，3.4 默认是双精度
float f2=9.8f;          //是正确的
float f3=10;            //是正确的，整数是浮点数的真子集
long l=0L;              //是正确的，这个 0 占用了 8 个字节的内存空间
```

注意：除非迫不得已，不要用小写英文字母 l 作标识符，这与 1 很相似，易造成误解，尤其是对于初学者。建议用 L 以区别于 1。

变量是可以连续定义的，它们之间用逗号隔开，但是建议每个变量单独用一行定义。如：

```
int a, b, c ,d;         //一次性定义了四个整型变量 a、b、c、d
```

另外，变量不能重复定义，即在一段程序中不能有两个变量使用同一个名字。

2.3.4 运算符与表达式

对各种类型的数据进行加工的过程称为运算，表示各种不同运算的符号称为运算符，参与运算的数据称为操作数。

按操作数的数目来分，运算符可分为：

一元运算符：++、--、+、-等；

二元运算符：+、-、>等；

三元运算符：？。

按功能划分，运算符又可分为算术运算符、关系运算符、逻辑运算符、赋值运算符、条件运算符等。

表达式是由操作数和运算符按一定的语法形式组成的符号序列。表达式的运算结果就是表达式的值。一个常量或一个变量的名字是最简单的表达式，其值即该常量或变量的值。表达式的值还可以用作其他运算的操作数，形成更复杂的表达式。表达式按运算符的不同可分为算术表达式、关系表达式、逻辑表达式和赋值表达式等。

1. 算术运算符与算术表达式

算术运算符及其功能描述如表 2-3 所示。

表 2-3 算术运算符

运算符	说　　明	例　　子
+	加，求两个操作数的和	a+b，计算变量 a 与 b 的和
-	减，求两个操作数的差	a-b，计算变量 a 减去 b 的差
*	乘，求两个操作数的积	a*b，计算变量 a 与 b 的积
/	除，求两个操作数的商	a/b，计算变量 a 除以 b 的商
%	取余，求两个整数相除的余数	a%b，计算整数变量 a 除以 b 的余数
++	自加，对一个整数变量执行加 1 操作	int a=5;a++或++a;，运算结果 a=6
--	自减，对一个整数变量执行减 1 操作	int a=5;a--或--a;，运算结果 a=4

说明：

① "+"运算符除了表示求两个数值数据的和之外，还可以表示字符串的连接，如：

```
int a=5;
System.out.println("a="+a=".");
```

执行结果是 a=5。

② "%""++""--"运算符并不仅针对于整型数，其他类型的数也是可以的(如 6.0%4.0=2.0)，只是它们常用于整数的运算。

③ "%"运算符的结果符号取决于被除数的符号。如果 a=7、b=-5，则 a%b=2；如果 a=-7、b=-5，则 a%b=-2。余数的符号与除数符号无关。

④ "++"运算符有两种用法，即前置和后置。其用法区别是：++前置，先给变量+1，再运算；++后置，先运算，然后再给变量+1。无论是哪种情况，运算之后变量的值均+1。

⑤ "--"运算符用法类似于"++"运算符，也有两种用法，即前置和后置。其用法区别是：--前置，先给变量-1，再运算；--后置，先运算，然后再给变量-1。无论是哪种情况，运算之后变量的值均-1。

算术表达式是用算术运算符和括号将常量、变量及函数调用连接起来的符合 Java 语言语法规定的式子。Java 语言的算术表达式与数学中的表达式有所不同，尤其要注意以下几点：

(1) 算术表达式中乘号不能省。比如，a*b*c 不能写成 abc，这是因为计算机会认为 abc 是一个标识符，而不能理解为三个变量的积。

(2) 括号在表达式中可以改变运算顺序。在算术表达式中的括号只能是圆括号，而且不能省略。如(a+b)/2c，在数学上表示 a 与 b 的和除以 2c 的商，但在 Java 语言中必须写成 (a+b)/(2*c)。

(3) 调用函数时，参数应放在括号中，不能省略。如调用正弦函数，数学中可以写成 sinx，而在 Java 语言中，必须写成 sin(x)。

(4) 在算术表达式中，运算的先后次序（也就是优先级）是先++或−−，再乘除取余，最后加减，有括号的先计算括号中的内容。同级的运算，从左到右运算。

例 2-1　输入时间的秒数，以"时:分:秒"的格式输出这个时间值，如输入 7278，输出 2 时 1 分 18 秒。

分析：本例需要一个变量来保存给定的时间秒数，然后需要三个变量分别保存这个时间所包含的小时数、分钟数和秒数，然后通过运算将结果输出。

```java
public class Eg2_1 {
    public static void main(String[] args) {
        int time=7278;              //变量定义
        int h,m,s;

        h=time/3600;                //计算时分秒
        m=time%3600/60;
        s=time%60;
        //以下是输出结果
        System.out.println(time+"秒的时间等于"+h+"时："+m+"分："+s+"秒。");
    }
}
```

运行结果是：

7278 秒的时间等于 2 时：1 分：18 秒。

说明：

① 变量在使用之前必须初始化。"h=time/3600;"是用表达式 time/3600 的值对变量 h 进行初始化，m、s 的初始化类似。

② 整数的运算结果仍然是整数，time/3600 其实就是计算 time 里边有多少个 3600(1 小时=3600 秒)；而 time%3600/60 可以理解为 time 中不足整 3600 的时间中有多少个整 60(1 分钟=60 秒)。

2．关系运算符与关系表达式

Java 语言中的关系运算符共有六种，它们都是二元运算符，用于比较运算符左右两个常量、变量或表达式的值的大小。它们分别是：>(大于)、<(小于)、>=(大于等于)、<=(小于等于)、==(等于)、!=(不等于)。

这些关系运算符在用法和功能上基本上同数学中的一致。特别注意的是，关系相等使用的是双等号==，在 Java 语言中，"="是赋值运算符。另外>=、<=、!=、==都是由两个字符构成的一个运算符，中间不能用空格分开，Java 语言中也没有≥、≤、≠这样的运算符。

关系表达式就是由关系运算符连接起来的表达式，其运算结果是布尔值，即 true(真)或 false(假)。

例 2-2 下面是一个测试关系运算的例子。

```java
public class Eg2_2 {
    public static void main(String[] args) {
        boolean x, y, z;
        int a=15;
        int b=5;
        double c=15;
        x = a > b;          //true;
        y = a < b;          //false;
        z = a != c;         //true;
        System.out.println("x="+x);
        System.out.println("y="+y);
        System.out.println("z="+z);
    }
}
```

执行结果如下：

```
x=true
y=false
z=true
```

注意：大家可能会觉得 z 的值应该是 false，在数学上可以这样认为，但是在计算机语言中的确是 true，因为 a 与 c 的数据类型不同，即使它们表面值看似相同，在内存中也是不同的。所以在考虑两个量是否相等时，首先要看它们的数据类型是否相同，其次再看值是否相同。

3. 逻辑运算符与逻辑表达式

在 Java 语言中有!(逻辑非)、&(逻辑与)和|(逻辑或)三种逻辑运算符。

说明：

① 逻辑非是单目运算符，即将表达式的逻辑取反，!true=false, !false=true。

② 逻辑与，只有当左右两边都是 true 时，结果是 true；否则为 false。

③ 逻辑或，只有当左右两边都是 false 时，结果是 false；否则为 true。

④ 三种逻辑运算中，优先级最高的是"非"，其次是"与"和"或"。

三种逻辑关系值如表 2-4～表 2-6 所示。

表 2-4　！逻辑关系值表

A	！A
true	false
false	true

表 2-5　&逻辑关系值表

A	B	A&B
true	true	true
true	flase	false
false	true	false
false	false	false

表 2-6　|逻辑关系值表

A	B	A|B
true	true	true
true	flase	true
false	true	true
false	false	false

例 2-3　逻辑运算符的使用。

```java
public class Eg2_3 {
    public static void main(String[] args) {
        int a=15;
        int b=14;
        boolean b1,b2;
        b1=a==15;
        b2=b++==14;
        System.out.println("b1="+b1+",b2="+b2);
    }
}
```

程序执行结果如下：

```
b1=true,b2=true
```

说明：

① 关系运算是比赋值运算高一级的运算。一般地，为避免产生二义性，把关系运算用括号括起来，如 b1=(a==15)。

② b++==14 这条语句，先判断 b==14，然后再执行 b=b+1，所以 b2 的结果是 true。

为了简化逻辑运算，Java 提供了"简洁"逻辑或"短路"逻辑的功能。"&&"称为简洁"与"逻辑，"||"称为简洁"或"逻辑。

当简洁"与"逻辑的前一个表达式的值是 false 时，已经可以判定结果是 false 了，就不必再判断后一个表达式的值；同样对于简洁"或"逻辑，当前一个表达式的值是 true 时，已经可以判定结果是 true 了，就不必再判断后一个表达式的值。

如果运行"int a=15, int b=14;",则执行(a>5&&b++=14)的结果是：a=15,b=15；而执行 (a>5||b++=14)的结果是：a=15,b=14。

4．赋值运算符与赋值表达式

赋值运算符就是"="，用于为变量赋值，即把右边常量、变量或表达式的值赋给左边的变量。注意，"="左边一定是变量名，不可以是其他表达式。赋值语句其实就是赋值表达式。

赋值时，还得注意右边表达式结果的类型和左边变量的类型一致，否则就会出现类型不匹配或不一致的错误或警告。如果不一致的话，系统可以将小的(占用内存小)类型自动转换成大的类型，详见 2.5 节。

例如：

```
a=b+10;          //将表达式 b+10 的结果赋给变量 a
int i=100;       //将整型常量值 100 赋给整型变量 i，i 的值为 100
a+b=100;         //错误的赋值方式，左边不能是表达式
float f=9.8;     //错误的赋值语句。9.8 默认为双精度数，不能把双精度数赋给一个单精度变量。
                   正确的赋值方法是"float f=9.8f;"
float f=10;      //将整数 10 赋给单精度变量 f，f 的值是 10.0
```

用"="赋值称为简单的赋值，除此而外，Java 还提供了复合赋值。给赋值运算符"="左边加上任意一个双目运算符，都可以构成复合赋值运算符。例如算术运算符与赋值运算符构成的复合赋值运算符有+=、−=、*=、/=和%=，其作用是将左边变量的值加上右边表达式的值重新赋给变量，如：

```
a+=10;           //等价于 a=a+10;
a/=x+y;          //等价于 a=a/(x+y);
```

例 2-4　赋值运算符的使用。

```
1   public class Eg2_4 {
2       public static void main(String[] args) {
3           char c='A';              //字符型 char 是整型 int 的真子集，可以自动转换
4           int i=c;
5           System.out.println("c="+c+",i="+i);
6           int j=32;
7           c+=32;                   //等价于"c=c+32;"，将'A'变成了'a'
8           System.out.println("c="+c);
9       }
10  }
```

执行结果：

```
c=A,i=65
c=a
```

说明：程序的第 3、4 行和第 7 行分别使用了简单赋值和复合赋值。复合赋值时，"+="合起来是一个运算符，必须在一起，中间不可以有空白符分开。

5．条件运算符

条件运算符即"？"运算符，也有人称其为"？"表达式，是浓缩的 if…else 结构。其语法如下：

表达式 1?表达式 2:表达式 3；

说明：

① 表达式 1 是关系表达式或逻辑表达式，其结果是布尔值。

② 当表达式 1 的值为 true 时，则结果取表达式 2 的值；否则取表达式 3 的值，也就是说结果要么是表达式 2 的值，要么是表达式 3 的值。

例如：

score<60?"不及格":"及格"；

当变量 score 的值小于 60 时，输出"不及格"；否则，输出"及格"。

6．运算符的优先级与结合性

运算符的优先级决定了表达式中的运算顺序，运算符的结合性决定了相同优先级运算的执行顺序。如 3+4*5-6，"*"的优先级高于"+"与"-"，所以先执行 4*5 的运算；"+"和"-"为同一优先级，左结合，即从左到右运算，即先算 3+20，得 23，再算 23-6，结果得 17。

常用运算符的优先级及结合性如表 2-7 所示。其中优先级的顺序为数值越小，优先级越高。

表 2-7 常用运算符的优先级及结合性

优先级	运算符	功 能 描 述	结合性
1	()	括号	左
2	-、!、++、--	依次是取负、非、自增、自减	右
3	*、/、%	算术运算，依次是乘、除、取余	左
4	+、-	算术运算，依次是加、减	左
5	<、<=、>、>=	关系运算，依次是小于、小于等于、大于、大于等于	左
6	==、!=	关系运算，依次是等于、不等于	左
7	&&	逻辑运算，与	左
8	||	逻辑运算，或	左
9	=	赋值运算	右

2.3.5 数据类型的转换

数据类型的转换就是把一种数据类型转换成另一种数据类型。由于不同的数据类型的取值范围不同，存储空间及存储形式不同，所以转换时有一定的要求。

1．自动类型转换

如果一个表达式中包含了多种数据类型的变量或常量，其结果会自动以最大的数据类型为结果类型，即自动以其中最高级的类型为结果数据类型。赋值时，小类型的数据可以为大类型的变量赋值，即低级类型可以为高级类型赋值。

在 Java 语言中，简单数据类型由低级到高级依次是：byte→shart、char→int→long→float→double。

自动类型转换不需要任何特殊的说明，由系统自动完成，即低级的数据类型可以自动转换成高级的数据类型。例如：

```
byte b=55;

char c='C';

int i=b;          //自动将 byte 类型转换成 int 类型

long l=c;         //自动将 char 类型转换成 long 类型

float f=50;       //自动将 int 类型转换成 float 类型

double d=l;       //自动将 long 类型转换成 double 类型

double d1=f;      //自动将 float 类型转换成 double 类型
```

说明：低级的数据类型的定义域(取值范围)是相对高级数据类型定义域的真子集。从这一点上看，数据类型的自动转换是很容易理解的，正如把 1 升的水放到 2 升的容器中是没有任何问题的。

2. 强制类型转换

在 Java 语言中，有时需要将高级类型的数据转换成低级类型的数据，这种转换不能自动完成，需要通过强制类型转换来实现。

强制类型转换的语法格式如下：

```
变量=(目标数据类型)待转换的变量或常量;
```

如：

```
int i = (int)10.1;
```

正如把 2 升的水放到 1 升的容器中是不可能的，要想实现就要做特殊处理——强制类型转换。

事实上，强制类型转换并不一定要求从高级类型向低级类型转换，只要是数据类型与目标类型不一致，都可以用强制类型转换来实现。

例 2-5 已知三角形的底和高，求面积。假设三角形的底和高都是整型数。

分析：三角形的面积计算公式是 $S=底×高/2$，因此需要定义三个变量分别保存三角形的底、高和面积。

实现代码如下：

```
public class Eg2_5 {
    public static void main(String[] args) {
        int b=10;
        int h=5;
        double area;
        area=1/2*b*h;
        System.out.println("底为"+b+"高为"+h+"的三角形面积是"+area+"。");
    }
}
```

程序执行结果：

```
底为 10 高为 5 的三角形面积是 0.0。
```

说明：

① 结果显然是不对的。为什么会产生这样的结果呢？因为整型数据运算的结果仍然是整型数，即 1/2=0，而不是 0.5，这样"area=1/2*b*h;"右边表达式的值为 0，而 area 是 double 类型，所以自动转换成了 0.0。因此在进行除法运算时，应尽可能地避免使用整数除法，以减少结果误差。

② 那么如何得到正确的结果呢？可以用强制类型转换将该语句修改为 "area=(double)1/2*b*h;"，则程序执行结果为"底为 10 高为 5 的三角形面积是 25.0。"。这样做其实只是为了说明如何使用强制类型转换，事实上，将该语句修改为"area=1.0/2*b*h;"更简单，且结果完全正确。

2.3.6　转义字符

顾名思义，转义字符就是字符的原有意义发生了变化。

Java 语言使用转义字符，是为了解决在程序中不能用一个字符明确地表达出确定的含义，如键盘上的回车键、退格键，还有一些字符在程序中可能会产生二义，如\、'、"等。Java 中常用的转义字符有：

\b：退格键。

\t：tab 键，制表定位符。

\n：回车换行符。

\f：换页符。

\r：回车键。

\'：单引号'。

\"：双引号"。

\\：反斜杠\。

\0ddd：用三位的八进制 ddd 表示的字符。

\0xhhh：用三位的十六进制 hhh 表示的字符。

\udddd：用四位的 Unicode 编码表示的字符。

比如，java_home 的路径是"D:\JDK\jdk1.8.0_25"，想用 Java 程序输出这个路径，必须用下列语句：

```
System.out.println("D:\\JDK\\java1.8.0_25");
```

说明："\"是转义字符的标志，加上之后的字符序列才表示一个字符，如'\0101'表示字符'A'。

2.3.7　语句

Java 的一条语句是用来向计算机发出的一条操作指令，一般可以把 Java 语句简单地分为简单句、空语句和复合句。

1. 简单句

简单句就是单行语句，以";"作结束，像变量声明、变量初始化、赋值、自增、自减、方法调用、创建对象等这样的语句都是简单句，如：

```
int   i, j, k;              //该语句声明了三个整型变量 i、j、k
k=9;                        //赋值语句
int   x=5;                  //声明并为整型变量初始化语句
x++;                        //自增语句
System.out.println("Hello World!");
```

这些都是简单句。

2. 空语句

空语句就是只有一个分号的语句。空语句对程序的执行几乎没有影响，但是对于程序员来说意义就不同了。在程序设计过程中，某些功能没有考虑周全，可以先暂时用空语句代替，待以后继续完善。

3. 复合句

复合句是相对于简单句而言的。把多条简单句用大括号括起来就构成一个复合句。无论一对大括号中有多少条语句，都视为一条复合语句。执行复合语句实际上就是顺序地执行该对大括号中全部的语句。

复合语句常用于分支或循环结构语句中。

例 2-6 交换输出两个整型数，如给出 7、8，则输出 8、7。

分析：交换两个数，需要一个中间变量将其中一个先存放起来，然后再交换。就像交换 A、B 两个人的座位一样，先要找一个空位置 t 让 A 待着，再让 B 坐在 A 先前的位置，最后让 A 坐回到先前 B 的位置，这样就实现了 A、B 两人座位的交换，如图 2-2 所示。

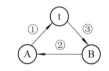

图 2-2　A 与 B 交换图

程序代码如下：

```
1   public class Eg2_6{
2       public static void main(String[] args) {
3           int a=7;
4           int b=8;
5           System.out.println("交换以前："+a+"，"+b+"。");
6           int t;              //中间变量
7           {
8               t=a;
9               a=b;
10              b=t;
11          }
12          System.out.println("交换以后："+a+"，"+b+"。");
13      }
14  }
```

程序执行结果：

交换以前：7，8。

交换以后：8，7。

说明：复合语句 7～11 行是用于交换的标准语句。这条语句还可以写成{t=a;a=b;b=t;}，不影响运行结果，但是不符合书写规范。

Java 语言中，标识符之间、定义的多变量之间都要用空白符隔开。Java 的空白符是空格符、制表符、回车符的统称。而且连续的多个空白符与一个空白符的作用相同。有些时候为了程序看起来美观，加上一些空白符，如：

int   i, j, k;

与

int   i, j, k;

功能虽然一样，但有些人会觉得前者更美观些。

Java 语句书写也比较自由，一行可以写多条语句，一条语句也可以写成多行。规范地讲，在编程时，建议一行只写一条语句，如例 2-6 中的复合语句。即使定义同类型的变量，也建议一行只定义一个。当一条语句太长时，可以在合适的地方断开分多行写，也可以把一条长语句分成几条短语句书写。

2.3.8 注释

在编程过程中，我们需要对一些程序进行注释，除了方便自己的阅读外，也可以为团队的其他成员、二次开发人员更好地理解自己的程序提供方便。注释可以是编程思路、程序内容的作用等。

Java 的注释有三种。

(1) 单行注释。

单行注释是以"//"开头，可以放在程序行的后边，也可以独占一行，放在程序的任何位置，如：

int t;   //中间变量

(2) 多行注释。

多行注释也叫块注释。块注释以"/*"开头、以"*/"结束之间的内容为块注释，将程序段或其他要注释的内容放在其中。

(3) 文档注释。

文档注释是以"/*"开头、以"*/"结束、中间每行前加一个"*"。文档注释的内容可以通过 javadoc 命令生成注释文档。如创建类时自动生成的注释：

/**
 * @param args
 */

说明：@param args 是文档注释中的参数，常用的有 Override、Deprecated、SupressWarning 等。Override 只能用于方法，以保证编译时 Override 的方法声明的正确性，常用于继承、抽象方法或接口中方法的重写(超驰)；Deprecated 也只能用于方法，对不应再使用的方法进行注释；SupressWarning 可以注释一段代码，关闭特定的警告信息。

注释不参与程序的编译和运行，但它不是可有可无的。使用注释可以提高程序的可读性和可理解性，要养成编程时写注释的良好习惯。

2.3.9　输入/输出方法

Java 语言中没有输入/输出语句，是通过调用输入/输出方法来实现数据的输入和输出的。

1. 控制台输出方法

常用的输出方法有以下三个。

(1) "System.out.print(常量、变量或字符串表达式);"。

功能：输出常量、变量的值或字符串表达式的内容，并将光标停留在输出内容之后，不回车换行，如：

```
int i=1;
System.out.print("*   ");
System.out.print(i);
```

执行结果是：

```
*   1
```

输出后，"*   i"在一行，且光标停留在 1 的后面。

(2) "System.out.println(常量、变量或字符串表达式);"。

功能：输出常量、变量的值或字符串表达式的内容之后，回车换行，将光标停留在输出内容下一行的开始，如：

```
int i=3;
int j=4;
System.out.println(i+"*"+j+"="+i*j);
```

执行结果是：

```
3*4=12
```

输出后，光标停留在"12"之后的下一行开始(1 列)位置。括号中的"+"号是用于字符串内容的连接，该表达式的结果是字符串类型。

(3) "System.out.printf(格式化字符串，变量、常量或表达式列表);"。

功能：按格式字符串指定的格式将变量、常量或表达式列表中的值依次输出。如果要回车换行，可在格式字符串指定位置加'\n'，如：

```
double pi=3.14;
double r=2.5;
double c=2*pi*r;
System.out.printf("半径为%.1f 的圆的周长是%.2f\n",r,c);
```

执行结果是：

```
半径为 2.5 的圆的周长是 15.70
```

格式化输出的好处是可以按要求格式输出内容，如结果保留两位小数。

格式字符串中的"%"是格式化数据的标志，相当于占位，之后的字符序列是数据格式，如：

(1) D 或 d(整型数)。%d 表示将对应列表中的数据以整型的形式输出；%md 表示将对应列表中的数据以整型的形式输出，输出长度为 m，右对齐，如果数据本身长度大于 m，按实际大小输出。

(2) F 或 f(浮点数)。%f 表示将对应列表中的数据以浮点数的形式输出；%m.nf 表示输出数据的整数长度为 m，保留 n 位小数。

2．控制台输入方法

把数据直接在程序中写死是可行的。但是每次改变数据都要重新修改程序，需要重新编译，这就失去了 Java 可移植性和与平台无关的特性。

Java 语言在 java.util 包里提供了一个 Scanner 类，可以用该类的方法来实现控制台输入数据，具体操作过程如下。

(1) 由于 Scanner 类不是自己创建的，在使用之前必须在使用它的类前用 import 语句导入：

```
import    java.util.Scanner;
```

(2) 使用时，先创建一个 Scanner 类的对象，就像创建一个基本数据类型的变量一样：

```
Scanner scan = new Scanner(System.in);
```

scan 是创建的 Scanner 类的对象名，只要符合标识符命名规范就行；new 运算符是专为引用型数据类型创建对象，做初始化用的；Scanner(System.in)是 Scanner 类的构造方法，详见第 5 章。

(3) 通过对象调用 Scanner 类的 next 方法，获得从键盘录入的数据。常用的方法有：

scan.nextInt()：从键盘录入一个整数，以空白符结束。

scan.nextFloat()：从键盘录入一个单精度浮点数，以空白符结束。

scan.nextDouble()：从键盘录入一个双精度浮点数，以空白符结束。

scan.next()：从键盘录入字符串，以空白符结束。

scan.nextLine()：从键盘录入一行字符，以回车结束。

注意：Java 语言中对字符的处理比较弱，在 Scanner 类中没有直接获取单一字符的方法，可以通过字符串的方法获取字符，如：

```
String str = scan.next();
char c = str.charAt(0);
```

这样就可以获取一个字符，详见第 4 章。

例 2-7　编写一个计算两个加数和的程序：通过键盘录入两个整数，输出它们的和。

分析：通过键盘录入两个整数，需要导入并使用 Scanner 类，且两个整数及其和要存放在三个整型变量中。运行程序时，按提示从键盘录入数据并回车，即可输出结果。反复地执行这个程序，就可以像使用学习机一样做重复的训练。

代码如下：

```
import java.util.Scanner;
public class Eg2_7 {
    public static void main(String[] args) {
        int a, b;                        //两个加数
```

```
        int sum;                    //和
        Scanner scan = new Scanner(System.in);        //创建 Scanner 对象
        System.out.println("请输入两个整数：");
        a = scan.nextInt();         //调用 Scanner 类的 nextInt()方法通过键盘为 a 赋值
        b = scan.nextInt();         //调用 Scanner 类的 nextInt()方法通过键盘为 b 赋值
        sum = a+b;                  //求和
        System.out.println( a+"+"+b+"="+sum);
    }
}
```

程序执行结果：

```
请输入两个整数：
3 4
3+4=7
```

说明：

① 导入语句一般放在类定义之前，各种导入语句可以放在一起，在导入语句中可以使用通配符"*"，如：

```
import   java.util.*;
```

表示导入 java.util 包下的全部类，这样很方便，但编译时会占用较多的时间。

② "System.out.println("请输入两个整数：");"这条输出语句，是提示用户从键盘上录入两个整型数。提示很重要，它可以增强程序的人机对话功能，特别是对于用户，知道下一步该做什么、怎么做。当然对于开发者来说，它可有可无。建议在编程中加入适当的提示语句，提高人机交互及使用者对程序功能的理解。

③ "a = scan.nextInt();"这条语句是通过调用方法，用方法的结果给变量赋值。

④ 执行程序时，控制台首先出现"请输入两个整数："，如果没有这句，光标就在控制台输出区左上角闪烁。录入整型数据时用空白符分开，录入完成后，按回车将继续执行之后的语句(计算结果)。

⑤ 可以多次执行程序，用不同的数据来测试程序。如果输入的不是要求的数据，就会有异常信息，如：

```
1    请输入两个整数：
2    2.5 b
3    Exception in thread "main" java.util.InputMismatchException
4        at java.util.Scanner.throwFor(Scanner.java:840)
5        at java.util.Scanner.next(Scanner.java:1461)
6        at java.util.Scanner.nextInt(Scanner.java:2091)
7        at java.util.Scanner.nextInt(Scanner.java:2050)
8        at Chap02.Eg2_7.main(Ex2.java:8)
```

当录入的数据是 2.5 和 b 时，就出现了输入不匹配的异常信息。异常发生的位置在程序的第 8 行。

2.3.10　Java 源程序框架结构

一个完整的 Java 源程序应该包含以下几部分：

(1) package(包)语句。它是用于管理一些相关类的实体，相当于在磁盘中创建的一个文件夹。包语句在一个源程序中最多只有一句，而且必须放在源程序的第一句。

(2) import(导入)语句。要想在源程序中使用其他的类，就可以用导入语句。一个源程序中可以有多个甚至没有导入语句，该语句要放在所有类定义的前面。

(3) public classDefine(公共类定义)。一个 Java 应用程序中可以有多个类，其中有一个叫作主类，主类必须是 public 的。

包含 main()方法的类是主类。main()方法是 Java 应用程序执行的入口和出口，程序运行时，从 main()方法的第一条可执行语句开始，逐句解释执行，main()方法结束时，程序也就执行结束。

在 Java 源程序中，可以有 0 个或多个输入，但必须有一个输出。即无论对于哪种情况(输入条件)，对应的结果都必须是唯一确定的。

(4) classDefine(类定义)。在一个源程序中，除了 public 类以外，还可以定义 0 个或多个类。

(5) 注释。虽然注释不参与源程序的编译和执行，但对于程序的解读和理解是非常必要的。

在 Java 源程序的编辑过程中，尤其是初学者要特别注意：程序中所使用的标点符号，都必须是英文，即单字节的，否则会有"使用了非法字符"的错误信息提示。如果编译时发现有"Invalid Character(非法字符)"这样的错误信息，先检查一下程序中的标点符号是否有非英文的。

2.4　项目学做

温度转换程序的代码如下：

```
package chap02;                    //包

import java.util.Scanner;          //导入 Scanner 类，方便键盘录入数据

public class C2F {
    public static void main(String[] args) {
        double c, f;               //定义两个变量，分别存放摄氏温度和华氏温度
        Scanner scan = new Scanner(System.in);

        System.out.println("请输入摄氏温度：");   //提示用户操作
        c = scan.nextDouble();     //调用 Scanner 类的 nextDouble()方法，通过键盘为 c 赋值
        f = 9.0/5*c+32;            //计算对应的华氏温度值
```

```
            System.out.println( "摄氏温度"+c+"度，相当于华氏温度"+f+"度。");
    }
}
```

程序执行结果：

请输入摄氏温度：

40

摄氏温度 40.0 度，相当于华氏温度 104.0 度。

说明：

① 程序中适当地增加空行，可以使程序结构逻辑清晰，便于阅读理解。比如该例中，空行将程序分成了包语句、导入语句和类定义三部分。在类定义中，又划分成变量定义、数据录入、数据处理和结果输出。

② 输出语句可以写成格式化输出形式：

System.out.println("摄氏温度%.1f 度，相当于华氏温度%.1 f 度 。\n",c,f);

这里只写摄氏温度到华氏温度的一种转换，华氏温度到摄氏温度的转换请读者自己练习完成。当我们学完第 3 章后，可以把两种转换写在一个程序中。

2.5　强 化 训 练

国际温度制中还有一个绝对温度，即开尔文温度，简称开氏温度(K)，它规定在标准状况下，水的冰点是 273.16K。开氏温度 K 与摄氏温度 C 的关系是：K = 273.15 + C。完成绝对温度、摄氏温度和华氏温度中间的相互转换。

2.6　习　　题

1. 简答题

(1) Java 标识符有哪些规定？

(2) Java 语言的基本数据类型有哪些？

(3) Java 语言中如何声明一个变量？变量的三要素是什么？

(4) Java 语言中整型常量有哪些表现形式？变量与常量的区别是什么？

(5) 注释在编程中的意义是什么？Java 语言中有哪些形式的注释？

(6) 为什么要使用转义字符？试举例说明。

(7) 为什么要进行数据类型转换？试举例说明。

(8) Java 应用程序的结构如何？

2. 填空题

(1) Java 语言中，用于标识符的字符有_____、_____、_____和_____，而且首字符不能是_____。

(2) 在 Java 语言中，整型常量 0123 的十进制值是_____。

(3) 数学表达式 6<x≤10 的 Java 表达式是_____;b^2–4ac 的 Java 表达式是_____。

(4) 如果定义有 "float x=4.5f; int y=9;"，则表达式 x+y%5/3 的值是_____。

(5) Java 语言中，基本语句(简单句)的特征是_____。

(6) 执行 "int x=5,y; y=x++;" 之后，x 的值是_____，y 的值是_____。

(7) 执行 "int x=5,y=8; y+=x--+6;" 之后，x 的值是，y 的值是_____。

(8) 要在屏幕上输出 "What's your name?"，正确的语句是_____。

(9) 用于基本数据类型的关键字有_____。

(10) 声明包的关键字是_____，导入包的关键字是_____。

3. 选择题

(1) 以下不属于 Java 关键字的是(　　)。

A. new　　　　　B. package　　　　　C. class　　　　　D. unsigned

(2) 在 Java 语言中，合法的字符常量是(　　)。

A. '\\'　　　　　B. "Hello!"　　　　　C. 'Hello!'　　　　　D. a

(3) 在 Java 语言中，不可以作为标识符的是(　　)。

A. _var　　　　　B. VAR　　　　　C. B2B　　　　　D. 2abc

(4) 下面变量定义错误的是(　　)。

A. int a;　　　　　B. double d=4.5;　　　　　C. boolean b=true;　　　　　D. float f=9.8

(5) 表达式 6+5%3+2 的值是(　　)。

A. 8　　　　　B. 9　　　　　C. 10　　　　　D. 11

(6) 下面对于变量定义与使用的描述不正确的是(　　)。

A. 变量按所定义的数据类型存放数据

B. 编译时系统为变量分配相应的存储单元

C. 变量应先定义后使用

D. 通过类型转换可改变变量存储单元的大小

(7) 变量定义时，变量所分配的内存空间大小(　　)。

A. 均为 1 个字节　　　　　B. 由用户临时确定

C. 由变量的类型确定　　　　　D. 由操作系统决定

(8) 下列关于变量的描述，错误的是(　　)。

A. 只要是合法的标识符都可以作为变量名　　　　　B. 变量必须在使用前做好定义

C. 不同类型的变量可以进行混合运算　　　　　D. 变量只能先定义，然后再初始化

(9) 在 Java 语言中，不合法的整型常量是(　　)。

A. 29　　　　　B. 029　　　　　C. 0x29　　　　　D. 0101

(10) 下面语句中的变量都已经合法定义，不正确的赋值语句是(　　)。

A. i+=++i;　　　　　B. i=i==k;　　　　　C. i=j+=i;　　　　　D. i=j+i=k;

(11) 表达式 3.6-5/2+1.2+5%2 的值是(　　)。

A. 4.8　　　　　B. 3.8　　　　　C. 5.8　　　　　D. 4.3

(12) 数学表达式 x≤y≤z 正确的 Java 语言表达式是(　　)。

A. x<=y&& y<=z　　　　　　　　　B. x<=y|| y<=z

C. x<=yAND y<=z　　　　　　　　　D. x<=y<=z

(13) 以下程序段的运行结果是(　　)。

```
……
int x, y, z;
x=y=1;
x++;
++ y;
z=y++;
System.out.println(x+","+y+","+z);
……
```

A. 2,3,3　　　　　　B. 2,3,2　　　　　　C. 2,3,1　　　　　　D. 2,2,1

(14) 以下程序段的运行结果是(　　)。

```
……
int m=12,n=34;
System.out.print ((m++)+""+(++n));
System.out.print ((n++)+""+(++m));
……
```

A. 12353514　　　　B. 13353514　　　　C. 12343513　　　　D. 12343514

(15) 与 A==B 相同的条件是(　　)。

A. A!=B　　　　　　B. !(A==B)　　　　　C. A>B||A<B　　　　D. !(A!= B)

(16) A>B&&A<=B 的值(　　)。

A. true　　　　　　B. flase　　　　　　C. 与 A>B 相同　　　D. 与 A<=B 相同

(17) 整型就是 r 已正确定义并初始化，那么 r%3 的结果可能是(　　)。

A. 1,2,3 之一　　　　B. 0,1,2 之一　　　C. -2,-1,0,1,2 之一　　D. 任意整数

(18) 下列数据类型的精度由高到低顺序正确的是(　　)。

A. float,double,int,long　　　　　　　　B . double,float,int,byte

C. byte,float,long,double　　　　　　　D. double,int,float,short

(19) 下列合法的逻辑表达式是(　　)。

A. (8-7)&&(9+5)　　　　　　　　　　　B. (9/5)||(9%5)

C. 3>2&&9<10　　　　　　　　　　　　D. ! (1<2<3)

(20) 下列说法不正确的是(　　)。

A. 一个表达式可以作为其他表达式的操作数

B. 单个常量或变量也是表达式

C. 表达式中各操作数的数据类型必须相同

D. 表达式的类型可以与操作数的类型不一样

4. 操作题

(1) 2018 年 5 月 1 日是星期二，编程计算 10 月 1 日是星期几？

(2) 已知圆的半径是 5，编程计算该圆的周长和面积。

(3) 输入任意一个五位整数，将它四舍五入保留到百位(如输入 12345，输出 12300；输入 56789，输出 56800)。

(4) 任意给出一个 1000 以内的整数，求出各位数字之和(如输入 234，输出 9)。

(5) 输入三个整数作为三角形的三个边(无须判断是否可以构成三角形)，用公式 $\sqrt{p*(p-a)*(p-b)*(p-c)}$ 计算面积(其中，a、b、c 是三角形的三条边，p=(a+b+c)/2，平方根的计算可用 java.Math.sqrt()方法)。

第 3 章　Java 结构化程序设计

单元概述

从程序流程角度来看，程序可以分成顺序结构、分支结构和循环结构三种基本结构。任何复杂的程序，都可以用这三种结构组合完成。尽管 Java 程序的最小单位是类，这并不妨碍 Java 在编程中使用结构化程序设计的方法。

目的与要求

- 了解 Java 结构化程序设计的思想和方法
- 了解流程图的构成元素及绘制方法
- 掌握用顺序结构设计程序的方法
- 掌握用分支结构设计程序的方法
- 掌握用循环结构设计程序的方法
- 了解跳转语句 break 和 continue 的功能和语法

重点与难点

- 用程序流程图完成程序设计思路
- 各种分支结构的语法，能够用多重分支和分支嵌套完成复杂的程序设计
- 各种循环结构的语法，能够用多重循环和循环嵌套完成复杂的程序设计

3.1　项 目 任 务

每个人都有过超市购物的经历，想想当你把购物车上的商品推到收银台时，收银员是怎么做的？用 Java 程序来模拟超市购物。

3.2　项 目 解 析

当你只买了一件商品，付款额恰好与商品价格相同，很简单，直接拎物走人。当付款额大于商品价格时，需用找零，这些过程简单地按顺序做就可以完成，这就用到本章所讲的顺序结构。而当你是超市的 VIP 会员或者超市根据消费额打折优惠时，虽然收银员也是做顺序的操作，但是计算机中的程序需要对你的会员情况和消费额等进行判断，再做优惠

处理，这就用到本章所讲的条件结构。当商品量大时，模拟过程还应该考虑用到循环结构。

3.3　技　术　准　备

3.3.1　结构化程序设计简介

结构化程序设计的目的是通过设计结构良好的程序，以程序静态的结构保证程序动态执行的正确性，使程序易理解、易调试、易维护，以提高软件开发的效率。

结构化程序设计主要强调的是"清晰第一，效率第二"。目的还是强调程序的易读性和易理解性。

结构化程序设计方法遵循以下四条基本原则。

(1) 自顶向下原则：在程序设计时，应先考虑总体，后考虑细节；先考虑全局目标，后考虑局部目标。

(2) 逐步求精原则：对于复杂的问题，应设计一些子目标作为过渡，逐步细化。

(3) 模块化原则：一个复杂的问题，可以看成是由若干个稍微简单的问题构成，要解决这个复杂问题，先解决对应的若干个稍微简单的问题，把复杂问题分解成若干个小的部分进行解决。

(4) 限制使用 goto 语句：事实上，Java 已经不再使用 goto 语句了。

结构化程序设计方法主要由以下三种基本结构组成。

(1) 顺序结构：一种线性的、有序的结构，它按时空顺序依次执行各语句模块。

(2) 分支结构(又称选择结构、条件结构)：根据条件成立与否选择程序执行的路径。

(3) 循环结构：重复地执行一个或多个模块，直到满足某个条件为止。

采用结构化程序设计方法，程序结构清晰，易读、易调试、易排错、易修改。由于每个模块执行单一的功能，模块间联系较少，使程序编制更加简单，程序更可靠，而且易于维护。

3.3.2　程序流程图

1. 流程图的概念

用特定的图形符号加上说明来表示算法的图叫作流程图或框图。程序流程图是程序分析和设计中最基本、最重要的分析技术，它是进行程序流程分析过程中最基本的工具。在流程图中，图框表示各种操作的类型，图框中的文字和符号表示控件的内容，流程线表示操作的先后顺序或程序中数据的流向。

流程图是提示和掌握封闭系统运动状态的有效方法。它还可以作为诊断工具，辅助决策的制订，让管理者清楚地知道问题可能出在什么地方，从而制定出可供选择的行动方案。

2. 使用流程图的优缺点

使用流程图的优点是形象直观，各种操作一目了然，不会产生"歧义性"，便于理解，当算法出错时容易发现，可以通过流程图直接转化为程序。

　　使用流程图的缺点是所占篇幅较大，由于允许使用流线，过于灵活，不受约束，使用者可以使流程任意转向，从而造成程序阅读和修改上的困难，不利于结构化程序设计。

3. 流程图常用的符号

　　美国国家标准化学会(American National Standards Institute，ANSI)对流程图中所用符号做了规定，这些符号已被各国程序设计者普遍使用。图 3-1 是常用的一些流程图符号。

图 3-1　常用流程图符号

4. 流程图的画法

绘制流程图的习惯做法有：
- 用圆角矩形表示"开始"和"结束"。
- 用矩形表示行动方案或普通的工作环节。
- 用菱形表示判断、判定、审核等环节。
- 用平行四边形表示输入/输出。
- 用带箭头的线表示工作流方向。

例 3-1　判断某一年是不是闰年。

　　判断闰年的条件是：① 年份能被 4 整除，但不能被 100 整除；② 年份能被 4 整除，又能被 400 整除。判断闰年的算法流程图如图 3-2 所示。

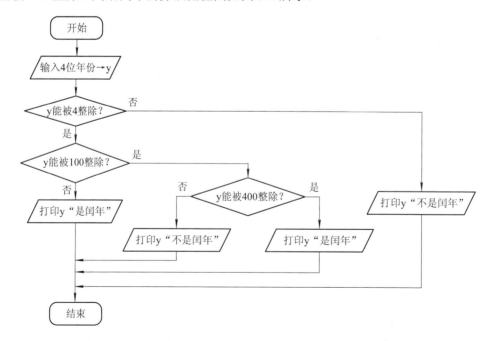

图 3-2　判断闰年的算法流程图

3.3.3　顺序结构

顺序结构是指通过安排语句的顺序来决定程序流程的程序结构，也就是按照程序的书写顺序，自上而下地逐条执行的程序结构。顺序结构的流程图如图 3-3 所示。

顺序结构设计的步骤可以归纳为：

(1) 导入必要的包和类(不是必须的)；

(2) 定义变量(为变量分配内存空间)；

(3) 初始化变量(可以用赋值语句或输入语句)；

(4) 计算；

(5) 输出结果(使用输出语句)。

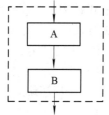

图 3-3　顺序控制流程图

例 3-2　计算两个数的和。从键盘上输入两个数，求它们的和并把结果从控制台输出。

分析：不妨假设这两个数是整数，因此要设计三个整型变量分别保存两个加数和结果。由于要通过键盘录入数据，因此要导入 java.util.Scanner。

程序清单如下：

```java
import java.util.Scanner;
public class Eg3_1 {
    public static void main(String[] args) {
        int x, y, sum;          //声明变量
        Scanner scan = new Scanner(System.in);//创建 Scanner 对象
        System.out.println ("请输入两个整数：");
        x = scan.nextInt();     //通过控制台为 x 初始化
        y = scan.nextInt();     //通过控制台为 y 初始化
        sum = x+y;              //求和
        System.out.println (x+"+"+y+"="+sum);
    }
```

执行该程序，当输入 3 和 4 时，运行结果如下：

```
请输入两个整数：
3 4
3+4=7
```

读者可以依照此例完成减法、乘法、除法等运算。

3.3.4　分支结构

分支结构又称选择结构或条件结构。分支结构是一种由特定的条件决定执行哪个语句分支的程序结构。也就是说，在程序执行时，先对给定条件进行判断，然后根据判断结果执行相应的语句或语句序列。

使用分支结构可以使程序根据不同的情况执行不同的动作，如同运用"红灯停，绿灯

行"的规则来确定是否过马路一样。

在 Java 语言中，实现分支结构程序设计的结构有：简单的 if 结构、if…else 结构和 if… elseif 结构、多分支 switch 结构等。而 switch 结构可以与 if 结构相互替代。

1．简单的 if 结构

简单 if 结构控制流程图如图 3-4 所示。

语法格式：

```
if(<表达式>)
{
    <程序块>
}
```

功能：当表达式的值为 true 时，执行程序块语句；为 false 时，跳过该语句块。无论真假与否，后续的语句都要执行。

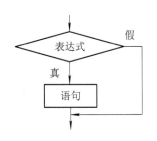

图 3-4　简单 if 结构控制流程图

说明：

① if 后面的表达式必须是条件表达式或逻辑表达式，且必须用圆括号括起来，不能省略，否则将不能通过编译。

② if 后面的如果是条件表达式，且是相等关系时，一定要用 "=="，如果用成赋值 "="的话，就有编辑错误提示。

③ if 结构中的程序块，如果是单条语句，可以不用"{}"括起来；如果是语句序列，就必须用"{}"括起来。建议无论是单条语句还是复合语句，都用"{}"括起来，以免造成理解上的歧义，而且便于程序的扩展。

例 3-3　编写一个程序：对于输入的两个数 x 和 y，输出其中较大者。

分析：如果只有一个数，这个数本身就是所求的较大数。当有多于一个数时，先把第一个数看作最大数 max，再与后边的数进行比较，将较大的数赋给 max，这样就可以求出所给数中的最大数。

以整数为例，编程如下：

```java
import java.util.Scanner;
public class Eg3_2 {
    public static void main(String[] args) {
        int x, y, max;              //声明变量
        Scanner scan = new Scanner(System.in);//创建 Scanner 对象
        System.out.println ("请输入两个整数："); //提示
        x = scan.nextInt();         //通过控制台为 x 初始化
        y = scan.nextInt();         //通过控制台为 y 初始化
        max = x;
        if(max<y)
            max=y;
        System.out.println (x+"与"+y+"中较大为数是"+max+"。");
    }
}
```

```
        }
```

说明：通过键盘输入两个整数，首先将第一个数赋给变量 max(其实就是 x)，然后再用这个数 max 与另一个数 y 进行比较。当 max<y 时，将 y 赋给 max，此时 max 中存放的是较大的数；否则的话，继续执行之后的语句，输出 max。无论如何，输出的总是两个数中较大的一个。

执行程序，当从键盘上输入两个整型数据 8 和 9 时，输出较大数为 9。

```
请输入两个整数：
8 9
8 与 9 中较大为数是 9。
```

2. if…else 结构

if…else 结构控制流程图如图 3-5 所示。

语法格式：

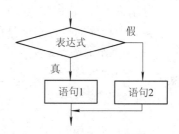

    if(表达式)

        语句 1；

    else

        语句 2；

功能：如果表达式的值为 true，则执行语句 1，否则执行语句 2。

图 3-5 if…else 结构流程图

例 3-4 编写一个程序，求输入的两个数的商的运算。

分析：在除法运算中，除数不能为 0，否则没有意义。比较以下两个程序。

程序 1：

```java
import java.util.Scanner;
public class Eg3_3_1 {
    public static void main(String[] args) {
        int a, b;                //声明变量
        Scanner scan = new Scanner(System.in);//创建 Scanner 对象
        System.out.print ("请输入两个整数：");
        a = scan.nextInt();      //通过控制台为 a 初始化
        b = scan.nextInt();      //通过控制台为 b 初始化
        if(b!=0)
            System.out.println (a+"/"+b+"="+a/b+"。");
    }
}
```

程序 2：

```java
import java.util.Scanner;
public class Eg3_3_2 {
    public static void main(String[] args) {
        int a, b;                //声明变量
```

```
Scanner scan = new Scanner(System.in);//创建 Scanner 对象
System.out.print ("请输入两个整数：");
a = scan.nextInt();        //通过控制台为 a 初始化
b = scan.nextInt();        //通过控制台为 b 初始化
if(b==0)
        System.out.println ("0 不能作除数！");
    else
        System.out.println (a+"/"+b+"="+1.0*a/b+"。");
    }
}
```

分别输入 5、8 和 5、0 两组数据，执行两个程序。

第一个程序的执行结果分别是：

请输入两个整数：5 8
　5/8=0.625。

请输入两个整数：5 0

第二个程序的执行结果分别是：

请输入两个整数：5 8
　5/8=0.625。

请输入两个整数：5 0
　0 不能作除数！

说明：

① 两个程序都能完成正常运算。但前者不具有良好的人机界面。当除数为 0 时，程序结束，什么信息也没有，会让使用者不知所措；而后者给出了当除数为 0 时的提示信息。

② 对于整型数 a 和 b，求其商时，结果仍然是整数，即只取商的整数部分。要想求出其算术结果，可以用 1.0*a/b 或者(double)a/b 强制将其转换成小数形式。

读者可以用 if…else 结构改写例 3-4，比较两个程序，看看哪个更好理解一些。

3．if…else if 结构

if…else if 结构控制流程图如图 3-6 所示。

语法格式：

```
if(表达式 1)
    语句 1;
else if(表达式 2)
    语句 2;
…
else if(表达式 m)
    语句 m;
else
    语句 n;
```

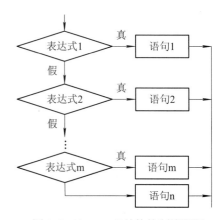

图 3-6　if…else if 结构控制流程图

功能：依次判断表达式的值，当出现某个值为 true 时，则执行该条件之后对应的语句，然后跳到整个 if 结构之外继续执行程序；如果所有的表达式均为 false 时，则执行语句 n，然后继续执行后续程序。多分支 if 结构可以通过分段函数来解析。

例 3-5　编写一个程序，对学生的考试成绩给出评定信息。成绩大于或等于 90 分，输出"优秀"；成绩大于或等于 80 分而小于 90 分，输出"优良"；成绩大于或等于 70 分而小于 80 分，输出"中等"；成绩大于或等于 60 分而小于 70 分，输出"及格"；小于 60 分的，输出"不及格"。

分析：百分制的有效成绩是 0～100 分。把成绩划分成五个区段，每个区段有唯一对应的值，相当于数学中的分段函数。

程序清单如下：

```java
import java.util.Scanner;
public class Eg3_4_1 {
    public static void main(String[] args) {
        int score;              //声明成绩变量 score
        Scanner scan = new Scanner(System.in);//创建 Scanner 对象
        System.out.print ("请输入两个成绩(0～100 整数)：");
        score = scan.nextInt();
        if(score>=90)
            System.out.println ("优秀");
        else if(score>=80)
            System.out.println ("优良");
        else if(score>=70)
            System.out.println ("中等");
        else if(score>=60)
            System.out.println ("及格");
        else
            System.out.println ("不及格");
    }
}
```

该程序的执行过程为提示用户输入一个学生成绩，将其存放在变量 score 中，然后使用 if…else if 结构逐个判断 score 变量中的值满足了哪个条件，就执行之后的输出语句；不满足则检查之后的 else 子句，直到找到匹配的条件或者到达程序结尾。

分别输入 100、98、88、78、68、58、0，测试数据执行程序结果分别如下所示。

优秀：

```
请输入两个成绩(0～100 整数)：100
优秀
请输入两个成绩(0～100 整数)：98
优秀
```

优良：

请输入两个成绩(0~100 整数)：88

优良

中等：

请输入两个成绩(0~100 整数)：78

中等

及格：

请输入两个成绩(0~100 整数)：68

及格

不及格：

请输入两个成绩(0~100 整数)：58

不及格

请输入两个成绩(0~100 整数)：0

不及格

这个程序还可以用多重 if 结构来完成，即并行地使用多个简单的 if 结构，程序代码如下：

```java
import java.util.Scanner;
public class Eg3_4_2 {
    public static void main(String[] args) {
        int score=0;                    //声明成绩变量 score
        Scanner scan = new Scanner(System.in);          //创建 Scanner 对象
        System.out.print ("请输入两个成绩(0~100 整数)：");
        score = scan.nextInt();
        if(score>=90&& score<=100)
            System.out.println ("优秀");
        if(score>=80&& score<90)
            System.out.println ("优良");
        if(score>=70&& score<80)
            System.out.println ("中等");
        if(score>=60&& score<70)
            System.out.println ("及格");
        if(score>=0 && score<60)
            System.out.println ("不及格");
    }
}
```

执行结果是一样的。但是不同的是：在编程时，Eg3_4_2 中变量 score 定义时必须先初始化，否则就可能有未初始化的错误信息。而用 if…else if 结构时，条件互不交叉，也不会落掉哪个条件，保证了问题定义域中的任何一种情况都有唯一的结果。

事实上，当我们给出一个问题的时候，其变量的定义域也就确定了，如本例中成绩变量的定义域中整数[0,100]，这就是全集，我们给的测试数据都在这个范围内。else(或 else if)执行的情况就是前面全部 if 语句条件并在了全集中的补集，因此该结构保证了条件的互不相容且完备。而多重 if 就不一样了，虽然各个条件清晰明了，但有可能不小心某些条件有交集或者落掉某个条件。

建议尽量用 if…else if 结构而少用多重 if 结构编程，特别是对于定义域是连续区域的情况。

当输入了 0~100 之外的无效成绩时，怎么办？修改程序完成这个任务。

4．if 分支嵌套

分支结构中，如果一个 if 语句中又包含一个或多个 if 语句，则构成了 if 嵌套。一般有如下两种情形：

情形 1：

```
if(表达式)
     if 语句;
else if 语句;
```

情形 2：

```
if(表达式)
     if 语句;
else if 语句;
```

当嵌套内的 if 结构可能又是 if…else 结构时，将会出现多个 if 和多个 else 交叠使用的情况，这时要特别注意 if 和 else 的配对问题，例如：

```
if(x>0)
    if(y>10)
            z=1;
    else
            z=2;
```

其中的 else 究竟是与哪一个 if 配对呢？

应该理解为：

```
if(表达式 1)
    { if(表达式 2)
          语句 1; }
      else
          语句 2;
```

还是应理解为：

```
if(表达式 1)
    {if(表达式 2)
          语句 1;
      else
          语句 2; }
```

Java 语言规定，else 总是与它前面最近的 if 配对，因此对上述例子应按后一种情况理解。为了避免产生二义性，一般情况下，无论是单行语句还是多行语句，无论是简单的条件语句还是条件嵌套语句，编程时都用"{}"括起来。

例 3-6 求一元二次方程式 $ax^2+bx+c=0$ 的根。

分析：输入一元二次方程的系数 a、b、c，利用求根公式求得方程的解或判断无实数解。首先要看所给的三个数能否构成一个一元二次方程，即看数 a 是否不为 0；如果能，再判断该方程有无实数根，即判别式的值是否非负；如果非负，通过求根公式计算出根并输出，否则输出该方程无实数根。程序流程图如图 3-7 所示。

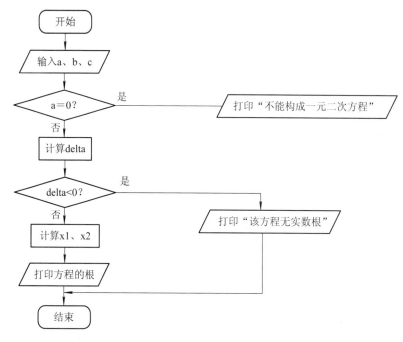

图 3-7 求解方程 $ax^2+bx+c=0$ 的根的流程图

程序清单如下：

```
import java.util.Scanner;
public class Eg3_5 {
    public static void main(String[] args) {
        double   a,b,c;                //一元二次方程的系数
        double x1,x2;                  //根
        double delta;                  //判别式
        System.out.println("请输入一元二次方程的系数："); //提示
        Scanner scan = new Scanner(System.in);

        a = scan.nextDouble();
        b = scan.nextDouble();
        c = scan.nextDouble();

        if(a == 0)
```

```
            System.out.println("不能构成一元二次方程");
        else{
            delta=b*b-4*a*c;                    //求出判别式
            if(delta<0){
                System.out.println("该方程无实数根！");
            }else{
                x1=(-b+Math.sqrt(delta))/(2*a);    //求出方程的两个实数根
                x2=(-b-Math.sqrt(delta))/(2*a);
                System.out.println("方程的解为：x1="+x1+",  x2="+x2);
            }
        }
    }
}
```

说明：该程序中使用了 if 嵌套，在 else 中有另一个 if 语句。先是判断是否能构成一个一元二次方程，不能的话输出"不能构成一元二次方程"；在能构成一元二次方程的情况下，再判断是否有实数根，无实数根时输出"该方程无实数根！"；在有实数根的情况下，再求算出实数根并输出。sqrt()方法是定义在 java.lang 包中的 public final Math 类中的方法，可直接加前缀 Math 调用。

执行程序：输入三组数据(0，−1，−2)，(2，3，4)和(1，−4，3)，执行结果分别如下所示。
不能构成一元二次方程：

```
请输入一元二次方程的系数：
0 -1 -2
不能构成一元二次方程
```

无实数根：

```
请输入一元二次方程的系数：
2 3 4
该方程无实数根！
```

有实数根：

```
请输入一元二次方程的系数：
1 -4 3
方程的解为:x1=3.0,x2=1.0
```

例 3-7　健康健美的体格是大家都追求的。身体质量指数(Body Mass Index，BMI)是通过体重(千克数)和身高(米数)这两个参数，计算出 BMI 值，从而量化地给出身体胖瘦的指数。

$$BMI = \frac{体重}{身高^2}$$

体重指数标准参照以下分段函数：

$$
男性：\begin{cases}
BMI \leqslant 20，过瘦 \\
20 < BMI \leqslant 25，适中 \\
25 < BMI \leqslant 30，偏胖 \\
BMI > 30，肥胖
\end{cases}
$$

$$
女性：\begin{cases}
BMI \leqslant 19，过瘦 \\
19 < BMI \leqslant 24，适中 \\
24 < BMI \leqslant 29，偏胖 \\
BMI > 29，肥胖
\end{cases}
$$

分析：该程序条件判断比较多，先要判断性别，然后不同性别有不同的 BMI 判断条件，非常适合用条件嵌套。程序代码如下：

```java
Import java.util.Scanner;
public class Eg3_6 {
    public static void main(String[] args) {
        double weight;          //体重，千克数
        double height;          //身高，米数
        int sex;                //性别表示，0—女性；1—男性
        double bmi;
        String str;             //评价
        String str1;            //性别文字
        Scanner scan = new Scanner(System.in);

        System.out.println("请输入性别(0-女性；1-男性)：");
        sex=scan.nextInt();
        System.out.println("请输入体重(kg)：");
        weight=scan.nextDouble();
        System.out.println("请输入身高(m)：");
        height=scan.nextDouble();

        bmi=weight/height/height;

        if(sex==0){
            str1="女士";
            if(bmi<=19)
                str="过瘦";
            else if(bmi<=24)
                str="适中";
            else if(bmi<=29)
                str="偏胖";
            else
```

```
                    str="肥胖";
            }else{
                    str1="先生";
                    if(bmi<=20)
                            str="过瘦";
                    else if(bmi<=25)
                            str="适中";
                    else if(bmi<=30)
                            str="偏胖";
                    else
                            str="肥胖";
            }
            System.out.println("尊敬的"+str1+":   ");
            System.out.println("\t 您的身高: "+height*100+"cm，");
            System.out.println("\t 您的体重: "+weight+"kg，");
            System.out.println("\t 您的身体质量指数: "+bmi+"，");
            System.out.println("\t 您的体型: "+str+"！");
            System.out.println("\t 专家建议：合理的饮食+坚持不懈的锻炼，是保持良好体型的秘诀！");
        }
}
```

说明：

① String 是字符串类型，属于引用数据类型，在第 4 章会详细介绍。

② String str1 这个字符串对象用于保存性别的中文值；str 用于保存体型特征。用 sex==0 为真判断为女性，否则为男性，也就是说除 0 以外其他的整型数都是男性。

③ 外层的 if…else 是判断男女的两个分支，而分支内部又嵌套了各自的 if…else if 结构，用来判断 BMI 所代表的体型特征。

执行程序：当按提示依次输入 1、65、1.70 后，运行过程及结果如下：

```
请输入性别(0-女性；1-男性):

1
请输入体重(kg):

65
请输入身高(m):

1.70
尊敬的先生:

    您的身高：170.0cm，

    您的体重：65.0kg，

    您的身体质量指数：22，

    您的体型：适中！

专家建议：合理的饮食+坚持不懈的锻炼，是保持良好体型的秘诀！
```

当按提示依次输入 0、52、1.62 后，运行过程及结果如下：

请输入性别(0-女性；1-男性)：

0

请输入体重(kg)：

52

请输入身高(m)：

1.62

尊敬的女士：

  您的身高：162.0cm,

  您的体重：52.0kg,

  您的身体质量指数：19,

  您的体型：过瘦！

  专家建议：合理的饮食+坚持不懈的锻炼，是保持良好体型的秘诀！

读者可以用 if…else 结构完成摄氏温度和华氏温度相互转换的程序设计。可以设计一个整型变量用于表示转换类型，当该整型变量值为 1(读者可任意定义值)时，执行摄氏温度转换成华氏温度；值为 2 时，执行华氏温度转换成摄氏温度。增加一个绝对零度的限制，就是一个条件嵌套的程序了。

5．switch…case 结构

在判断过程中，有时会用到很多条件，需要使用多个 else 语句，这样将会导致程序逻辑复杂、代码过于冗长，甚至影响到程序的可读性。Java 语言提供了另一种多分支结构 switch 来优化程序的结构。

switch 结构控制流程图如图 3-8 所示。

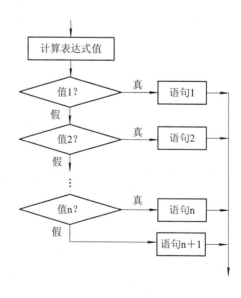

图 3-8　switch 结构控制流程图

语法格式：

```
switch(表达式) {
case 常量表达式 1:
    语句 1;
    break;
case 常量表达式 2:
    语句 2;
    break;
    ⋮
case 常量表达式 n:
    语句 n;
    break;
[default:
    语句 n+1;]

}
```

功能：计算出表达式的值。当与某个常量表达式的值匹配时，就执行其后的语句，当执行到 "break;" 语句时，跳出 switch 结构，继续执行 switch 结构之后的语句；当表达式的值与所有的值都不匹配时，执行 default 之后的语句。从程序流程上看，switch 结构可以用点函数来解析。

说明：

① 关键字 switch 后面的表达式可以是整型或字符型的，也可以是枚举类型的。

② 每个 case 后面的常量表达式只能是常量组成的表达式，当 switch 后面的表达式的值与某一个常量表达式的值一致时，程序就转到此 case 后面的语句开始执行。如果没有一个常量表达式的值与 switch 后面的值一致，就执行 default 后面的语句；当 default 缺省时，就直接跳到 switch 结构后面的语句。

③ 每个 case 后面的常量表达式的值必须互不相同，否则会出现编译错误。

④ 各个 case 的次序不影响执行结果，一般情况下，尽量将出现概率大的 case 放在前面。

⑤ 在执行完一个 case 后面的语句后，程序流程转到下一个 case 后面的语句开始执行。千万不要理解成执行完一个 case 后，程序就转到 switch 后面的语句去执行了。只有执行的过程中遇到 "break;" 语句时，才跳出 switch 结构。执行完某个 case 后，如果没有 "break;" 语句，会顺序执行之后的其他 case 及 switch 结构之后的语句。

比较下列两段程序。

程序 1：

```
...
x= 'A';
switch(x)
{
    case 'A':printf("Grade is A\n");
    case 'B':printf("Grade is B\n");
```

```
        case 'C':printf("Grade is C\n");
        case 'D':printf("Grade is D\n");
}
```

运行结果如下：

```
Grade is A
Grade is B
Grade is C
Grade is D
```

程序 2：

```
…
x='A';
switch(x)
{
   case 'A':printf("Grade is A\n");
            break;
   case 'B':printf("Grade is B\n");
            break;
   case 'C':printf("Grade is C\n");
            break;
   case 'D':printf("Grade is D\n");
}
```

运行结果如下：

```
Grade is A
```

⑥ switch 结构中，"case 常量表达式:"后面是英文冒号。

⑦ default 这个标记可以省略，且与 case 的先后顺序可以变动，不影响程序的执行结果。

⑧ 多个 case 可以共用一段程序。

⑨ 一个 case 可以有多条语句时，不必用"{}"括起来。

例 3-8　简单的计算器设计。输入两个数，计算出它们的和、差、积、商。

分析：简单计算器只有两个操作数和一个运算符，运算符有四种情况：+、−、*、/。在 Java 语言中，由于没有直接获得字符的方法，要借助字符串及其函数来实现。

程序清单如下：

```java
import java.util.Scanner;
public class Eg3_7 {
    public static void main(String[] args) {
        double a,b;                //操作数
        char ch;                   //运算符
        Scanner scan = new Scanner(System.in);
        System.out.print("请输入两个数：");
        a = scan.nextDouble();
```

```
                    b = scan.nextDouble();
                    System.out.print(" 请输入运算符： ");
                    ch = scan.next().charAt(0);      //获取一个字符


                    switch(ch){
                     case '+':               //求和
                            System.out.println(a+"+"+b+"="+(a+b));
                            break;
                     case '-':               //求差
                            System.out.println(a+"-"+b+"="+(a-b));
                            break;
                     case '*':               //求积
                            System.out.println(a+"*"+b+"="+(a*b));
                            break;
                     case '/':               //求商
                              if(b==0)
                            System.out.println("0 不能作除数！ ");
                               System.out.println(a+"/"+b+"="+(a/b));
                               break;
                     default:
                            System.out.println("输入运算符出错！ ");
                     }
                 }
}
```

说明：注意程序中 print()方法与 println()方法用法的不同。前者不换行，后者回车换行。
执行该程序，按提示输入数据，对各种情况进行执行，结果分别如下所示。
加法：

```
请输入两个数： 5 6
请输入运算符： +
5.0+6.0=11.0
```

减法：

```
请输入两个数： 4 6
请输入运算符： -
4.0-6.0=-2.0
```

乘法：

```
请输入两个数： 5 8
请输入运算符： *
5.0*8.0=40.0
```

除法(分母为 0)：

请输入两个数：5 0

请输入运算符：/

0 不能作除数！

除法(分母不为 0)：

请输入两个数：5 8

请输入运算符：/

5.0/8.0=0.625

非法运算符：

请输入两个数：2 3

请输入运算符：^

输入运算符出错！

6．if 结构和 switch 结构的比较

多重 if 结构或 if…else if 结构和 switch 结构都可以用来实现多路分支。多重 if 结构或 if…else if 结构在实现两路、三路分支结构，且条件变量是在一个连续的区域时较为方便；而 switch 结构在实现三路以上分支结构，且处理的数据是可枚举型时比较方便。在使用 switch 结构时，应注意分支条件必须是整型表达式或字符变量，case 标识后面必须是常数表达式。在使用 switch 结构时很多问题都不能满足这一要求，必须先做转换。对条件是一个范围或不是整型的情况时，往往需要用 if 结构来解决，甚至只能用 if 结构来实现。

例 3-9　判断输入字符的分类(用多重 if 结构)。

分析：此问题中，条件变量是字符型的。字符型可以转换成整型。因为它们的存储和取值范围都相同。在 ASCII 编码中，当码值小于 32 时为控制字符；码值为 48～57 时，对应数字字符 0～9；当码值为 65～90 时，对应大写字母 A～Z；当码值为 97～122 时，对应小写字母 a～z；其余的为其他字符。

程序清单如下：

```java
import java.util.Scanner;
public class Eg3_8 {
    public static void main(String[] args) {
        char ch;
        Scanner scan = new Scanner(System.in);
        System.out.print("请输入一个字符：");
        ch=scan.next().charAt(0);
        if(ch>=0&& ch<=32)
            System.out.println("你输入的是一个控制符！");
        else if(ch>='0' && ch<='9')   //等同于 else if(ch>=48 && ch<=57)
            System.out.println("你输入的是一个数字！");
        else if(ch>='A' && ch<='Z')   //等同于 else if(ch>=65 && ch<=90)
            System.out.println("你输入的是一个大写字母！");
        else if(ch>='a' && ch<='z')   //等同于 else if(ch>=97 && ch<=122)
```

```
                    System.out.println(" 你输入的是一个小写字母！");
            else
                    System.out.println("你输入的是其他字符！");
        }
    }
```

该程序中，不同种类的数据都有一个取值范围，所以使用 if...else if 结构比较好。如果使用 switch 结构，那对应的 case 就有 128 条之多，程序显得过于庞大。对于不同类型的数据，运行结果如下所示。

数字：

请输入一个字符：0
你输入的是一个数字！

大写字母：

请输入一个字符：A
你输入的是一个大写字母！

小写字母：

请输入一个字符：a
你输入的是一个小写字母！

其他符号：

请输入一个字符：～
你输入的是其他字符！

例 3-10 用 switch 结构改写学生成绩评定程序。

分析： 学生成绩的取值范围是 0～100，如果仅限于整数，就有 101 种情况；如果是 1 位小数，就有 1001 种情况。直接用 switch 结构，case 太多。由于成绩评定是以 10 为台阶的，根据整数运算的特点，用 score/10 就把整型情况变成 11 种不同的 case(如果是一位小数，可以用(int)(score*10)/100)。但是超出范围的数据(大于 100 或小于 0)用 default 不能完全解决，因为 100～109 除以 10 均得 10，−9～0 除以 10 均得 0。为了弥补这个漏洞，可以用 if…else 结构将有效数据规范在 0～100 的范围内，在有效的范围内再用 switch…case 结构，即使用 if 结构嵌套 switch 结构完成本程序设计任务。

程序清单如下：

```
import java.util.Scanner;
public class Eg3_9{
    public static void main(String[] args){
        int scaor;          //成绩
        String rank="";    //等级
        Scanner sn = new Scanner(System.in);
        System.out.print("请输入一个整数(0-100):");
        int score=sn.nextInt();

        if(score>100 || score<0)
```

```
                        rank="无效成绩!";
              else{
                  switch(score/10){
                      case 0:
                      case 1:
                      case 2:
                      case 3:
                      case 4:
                      case 5:
                          rank="不及格!";
                          break;
                      case 6:
                          rank="及格!";
                          break;
                      case 7:
                          rank="中等!";
                          break;
                      case 8:
                          rank="优良!";
                          break;
                      case 9:
                      case 10:
                          rank="优秀!";
                          break;
                  }
              }
              System.out.println("成绩为"+score+"的等级是："+rank+"。");
      }
}
```

说明：

① 程序中可以不设计 rank 对象，"rank="及格!";"等语句可以直接用 println()输出，但是看起来程序繁琐得多。而使用 rank 对象，对不同的情况统一处理，非常简捷。

② 分支的并行与嵌套对于完美地解决复杂问题是很有必要的。在程序设计前，先对待处理的数据进行分析，设计合理的算法，这是我们要掌握的关键所在。

3.3.5 循环结构

循环结构是指在程序中需要反复执行某个功能而设计的一种程序结构。它由循环体中的条件来判断是否继续执行某个功能还是退出循环。

　　循环结构可以减少源程序重复书写的工作量，用来解决重复执行某段算法的问题，这是程序设计中最能发挥计算机特长的程序结构。循环结构可以看成是一个条件判断语句和一个向回转向语句的组合。循环结构的三个要素是循环变量、循环体和循环终止条件。

　　常见的循环结构有以下两种。

　　(1) 当型循环：先判断所给条件是否成立，若条件成立(为 true 时)，则执行循环体；之后再次判断条件是否成立，若条件成立，则再次执行循环体。如此反复，直到条件不成立(为 false)时终止循环。

　　(2) 直到型循环：先执行循环体，再判断所给条件是否成立，若条件不成立，则再执行循环，如此反复，直到循环条件成立，该循环过程结束。

　　循环的两种结构流程图如图 3-9 所示。

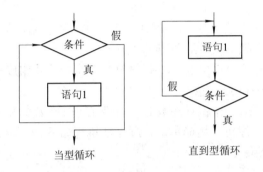

图 3-9　循环的两种基本结构

Java 语言中，常用的循环结构有 for 循环、while 循环和 do…while 循环三种。

1．for 循环

语法格式：

　　　　for(表达式 1;表达式 2;表达式 3)

　　　　　　语句;

for 循环结构的流程图如图 3-10 所示。

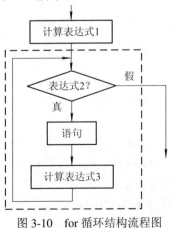

图 3-10　for 循环结构流程图

说明：

① 首先计算表达式 1 的值，这个表达式通常是初始化变量，整个循环过程中该表达式

只执行一次。

② 表达式 2 通常是循环结束条件，一般为关系表达式或逻辑表达式，如果该表达式的值为 true，则执行循环体语句，然后计算表达式 3，之后再次进行循环条件(表达式 2)的判断，形成循环；否则，不执行循环体中的语句，退出循环。

③ 表达式 3 通常用于修改循环变量，一般是赋值语句。

基于以上三点，也可以把 for 循环结构理解成：

    for(循环变量赋初值；循环终止条件；循环变量步长增量)
        语句；

④ for 循环是 Java 语言中功能最强、应用最广、使用最灵活的一种循环结构。它不仅可以用于循环次数确定的情况，也可以用于循环次数不确定而只给出了循环结束条件的情况。

⑤ 三个表达式之间必须用分号(;)隔开，表达式可以省略，但分号不能省略。括号后不能加";"，否则表示循环体为空，即执行空循环。

⑥ 三个表达式中都可使用由逗号(,)运算符将多个表达式组成的表达式。

例 3-11 求 1+2+⋯+100 的值。

分析：设计两个变量，一个保存加数 i，一个保存前 i 个数的和 sum。i 的初始化值为 1，sum 的初始化值为 0。程序可以用简单语句顺序地执行如下：

```
i=1;          //初始化变量
sum=0;
sum+=i;       //sum=1
i++;          //i=2
sum+=i;       //sum=3
i++;          //i=3
sum+=i;       //sum=6
……
i++;          //i=99
sum+=i;       //sum=4950
i++;          //i=100
sum+=i;       //sum=5050
```

在此程序中，反复使用的就是"i++;"和"sum+=i;"这两条语句。使用循环结构，程序的书写就要简单得多。"i++;"就是循环变量的迭代；"sum+=i;"就是循环体。

循环体语句可以是空语句、单条语句或多条语句，是多条语句时，必须用{ }括起来。for 语句的执行过程还可以用如图 3-11 所示的三角模型来表示，上面例子中的"i++;"是末尾循环体；"sum+=i;"是中间循环体。

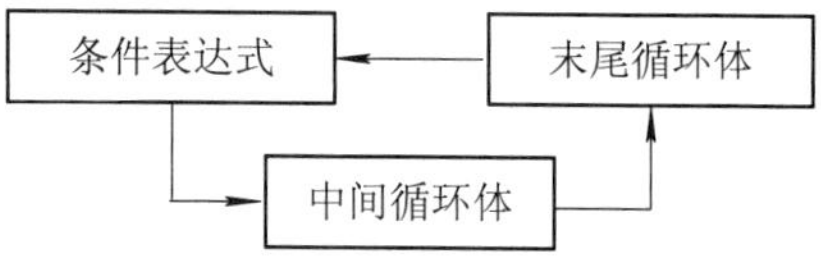

图 3-11 for 循环三角模型

程序清单如下：

```
public class Eg3_10 {
    public static void main(String[] args) {
```

```
            int i=1;
            int sum=0;
            for(i=1;i<=100;i++)
                sum+=i;
            System.out.println("1+2+...+100="+sum);
        }
    }
```

程序执行结果：

```
1+2+...+100=5050
```

说明：在初始化时，和的初值一般设定为 0，积的初值一般设定为 1。读者还可以依照此例完成 100 以内的奇数(偶数)的和，注意初始值的设定(求奇数和时，循环变量初值设定为 1；求偶数和时，循环变量初值设定为 2)和循环变量的迭代(i+=2)。

例 3-12 Fibonacci 序列。Fibonacci 序列是意大利数学家斐波那契在 1202 年提出的一个关于兔子繁殖问题的递归模型。如果一对兔子每月能生一对小兔(一雄一雌)，而每对小兔在它出生后的第三个月里，又开始生一对小兔。假定在不发生死亡的情况下，从第一对出生的小兔开始，50 个月后会有多少对兔子。

Fibonacci 序列的递归表达式如下：

$$f(n) = \begin{cases} 1 & n = 1, 2 \\ f(n-1) + f(n-2) & n > 2 \end{cases}$$

编写程序，输出前 20 个 Fibonacci 数表。

分析：从递归表达式可以看出，从第三个月开始，每月兔子的总对数就等于前两个月兔子对数的和。程序的关键在于如何把本月和上个月的数目表示成下个月的前两个月的数目，程序清单如下：

```
class Eg3_11{
  public static void main(String[] args){
    int n=20;                    //定义输出的 Fibonacci 数的数目
    int fib1=1,fib2=1;           //第一、二个月的兔子数，也表示前两个月的兔子对数
    System.out.print("\t"+fib1+"\t"+fib2);   //输出第一、二个月的兔子对数
    int fib=0;
    for(int i=3;i<=n;i++){       //从第三个月开始，每月兔子对数为前两个月兔子对数之和
      fib=fib1+fib2;
      System.out.print("\t"+fib);
      if(i%8==0)                 //控制每行输出 8 个数
          System.out.println();  //够 8 个数就换行
      fib1=fib2;                 //把本月和上月兔子的对数变成前两个月兔子的对数
      fib2=fib;
    }
    System.out.println();
```

```
    }
}
```

程序执行结果如下：

1	1	2	3	5	8	13	21
34	55	89	144	233	377	610	987
1597	2584	4181	6765				

如果把 n 的值设为 50，运行程序，看看结果如何？50 个月的数据如下：

1	1	2	3	5	8	13	21
34	55	89	144	233	377	610	987
1597	2584	4181	6765	10946	17711	28657	46368
75025	121393	196418	317811	514229	832040	1346269	2178309
3524578	5702887	9227465	14930352	24157817	39088169	63245986	102334155
165580141	267914296	433494437	701408733	1134903170	1836311903		
-1323752223	512559680	-811192543	-298632863				

为什么会有负数出现？这是因为 int 类型数占 32 位，而在内存存储时，最高位为 1 表示负数，0 表示正数，所以当数据值长度超过二进制 31 位时，再增加就可能成负数了，这就是数据溢出。因此在程序设计时，要选择合适的数据类型，以取得正确的结果。

注意： 在 for 循环中，三个表达式都是可以缺省的，但无论如何，分号是不可缺省的。以 1+2+…+100 为例，解释表达式缺省的情况。

① 缺省表达式 1。

从 for 循环的执行过程可知，表达式 1 的功能是给循环变量初始化，仅执行一次，因此在 for 结构之前给循环变量赋了初值，表达式 1 就可以缺省。改写例 3-11，程序清单如下：

```
public class Eg3_10_1 {
    public static void main(String[] args) {
        int i=1;
        int sum=0;
        for(;i<=100;i++)
            sum+=i;
        System.out.println("1+2+...+100="+sum);
    }
}
```

② 缺省表达式 2。

缺省此表达式即不判断循环结束条件，也就是认为循环条件始终为真，这样循环就无法自动结束，即进入死循环。因此必须在循环体中加入终止条件，每次执行循环体时，都判断循环是否结束。一般使用 if+break 结构来实现循环结束。改写例 3-11，程序清单如下：

```
    ...
    for(int i=1;;i++)
    {
        sum+=i;
```

```
            if(i>100)
                break;
        }
...
```

③ 缺省表达式 3。

缺省此表达式即省去修改循环变量的值。每次执行完循环体之后执行表达式 3。如果把表达式 3 放在循环体的最后一行，即在循环体内改变循环变量的值，可以达到同样的效果。改写例 3-11，程序清单如下：

```
...
for(i=1;i<=100;){
    sum+=1;
    i++;
}
...
```

④ 三个表达式缺省两个或全缺省。

既不为循环变量赋初值，也不设置循环条件或循环变量的改变，这样就形成一个死循环。看似没有意义，其实不然，正是 for(;;)结构给出了循环的机制，才能实现循环。改写例 3-11，程序清单如下：

```
int i=1,sum=0;
for(;;){
    sum+=i;
    i++;
    if(i>100)
        break;
}
```

2．while 循环

语法格式：

```
while(表达式)
    语句块；
```

其中，表达式是循环条件，语句块为循环体，其结构流程图如图 3-12 所示。

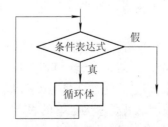

图 3-12　while 循环结构流程图

功能：用于在特定条件为真的情况下重复执行某些操作。在执行循环体之前先检查条件，一旦条件为假，立即停止循环。

使用 while 结构时要注意以下几点：

(1) 循环条件可以是任何表达式，但常用的是关系型或逻辑型表达式。条件括号之后不能直接跟 ";"，除非你想做的是空循环。

(2) 循环体语句可以是空语句、单条语句或多条语句。当为多条语句时，必须用 "{}" 括起来。

(3) while 循环的循环体至少执行 0 次。

(4) 循环次数的控制要正确。使用循环结构时，可以通过循环变量来控制循环次数。使用循环变量控制循环次数时，要注意保证控制的准确性。在 while 循环中，循环变量的取值决定了结果的正确与否。比如条件若是 i<100，结果就不是 5050，而是 4950 了。

(5) 在循环体中，一定要有使循环趋于结束的操作(如例 3-12 中的 i++)。

(6) 在循环体中，语句的先后顺序必须符合逻辑，否则会影响结果。

(7) 可以在循环体中使用 if+break 语句组合，控制循环。

例 3-13　用 while 循环计算 1+2+…+100 的值。

程序清单如下：

```java
public class Eg3_12{
    public static void main(String[] args){
        int i=1;
        int sum=0;
        while(i<=100){
            sum+=i;
            i++;
        }
        System.out.println("1+2+...+100="+sum);
    }
}
```

程序执行结果如下：

```
1+2+...+100=5050
```

如果调整 "sum+=i;" 和 "i++;" 两条语句的顺序，则 1+2+…+100=5150。

例 3-14　爱因斯坦阶梯问题。设有一个阶梯，每步跨 2 级，最后余 1 级；每步跨 3 级，最后余 2 级；每步跨 5 级，最后余 4 级；每步跨 6 级，最后余 5 级；每步跨 7 级，正好到梯顶。问至少有多少级阶梯。

分析：可以用 for 循环，从 1 开始逐个验证这个数是否除以 2 余 1(每步跨 2 级，最后余 1 级)、除以 3 余 2(每步跨 3 级，最后余 2 级)、除以 5 余 4(每步跨 5 级，最后余 4 级)、除以 6 余 5(每步跨 6 级，最后余 5 级)、能被 7 整除(每步跨 7 级，正好到梯顶)。到第一个满足条件时，就是最少的阶梯数。这就是暴力破解的思想。

显然阶梯数是 7 的倍数，又是奇数(每步跨 2 级,最后余 1 级)。这样可以依次对 7、7+14、7+14+14……进行测试，看是否除以 3 余 2、除以 5 余 4、除以 6 余 5……直到找到适合条件的数。这样程序执行次数就大大减少了。

　　这个问题还可以这样理解，多一级阶梯时，阶梯的级数就是 2、3、5、6 的倍数，也就是说比 2、3、5、6 公倍数少 1。这样，阶梯变量的初值可以设为 29，每次增加 30，循环结束的条件为阶梯的级数能被 7 整除。这样程序就更简单了。

　　程序清单如下：

```java
public class Eg3_13{
    public static void main(String[] args) {
        int i;                    //阶梯的级数
        for(i=29;i<10000;i+=30){
            if(i%7==0){
                System.out.println("这个阶梯最少"+i+"级。");
                break;            //找到第 1 个满足条件的就是最少的数
            }
        }
    }
}
```

　　说明：循环条件设为 i<10000。有读者会问，你怎么知道是 10000 以内呢？其实你担心超出 10000 也可以给再大点，因为当有满足条件的数出现时，就 "break;" 了，没有必要为这个数该取多大而纠结。其实在实际操作中，第一种方法完全可以完成任务，即暴力破解是可行的，而且现在计算机的内存和速度也不需要节省，有正确的结果才是王道。这里只是告诉大家，在程序设计时，算法的合理与优化是需要下工夫去探索的。

3. do…while 循环

　　语法格式：

```
do{
    语句;
}while(表达式);
```

do…while 循环的结构流程图如图 3-13 所示。

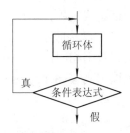

图 3-13　do…whil 循环的结构流程图

　　功能：先进入循环体，执行一次循环，然后再计算表达式的值。若值为假(false)，则终止循环；否则返回到 do，开始下一次的循环。

　　说明：

① do 是 Java 语言中的关键字，必须与 while 配对使用，实现循环。

② do…while 循环是从 do 开始，到 while 结束，while(表达式)后必须有";"，表示 do…while 循环是一条完整的语句。

③ 当循环体中包含多条语句时，必须用"{}"括起来。

④ 循环中的条件必须是关系型或逻辑型表达式。

⑤ 由于该语句执行时，先执行一次循环，故最少执行次数为 1，这也是与 while 结构的最大区别。

⑥ 一般情况下，while 循环和 do…while 循环编写的程序可以互相改写。

例 3-15 用 do…while 计算 1+2+…+100。

程序清单如下：

```
public class Eg3_14{
    public static void main(String[] args){
        int i=1;
        int sum=0;
        do{
            sum+=i;
            i++;
        }while(i<=100);
        System.out.println("1+2+...+100="+sum);
    }
}
```

程序执行结果如下：

```
1+2+...+100=5050
```

说明： do 与 while 配对使用，之间为循环体，while 条件之后要有";"。执行过程是先执行一次循环体，再判断循环条件，其他的和 while 相似。

例 3-16 猜数字游戏。电视娱乐节目中有一个购物游戏，让你看物品猜价格。在一定的条件下，你有多次猜测的机会，每次猜完后提示价格"高了"或是"低了"，直到猜中，根据花费的时间和被提示的次数来打分。

编制一个程序，模拟这个猜价格游戏过程。

分析： 这是一个典型的 do…while 结构应用案例，因为无论如何，你得猜一次。在猜的过程中，由于要判断是否与要猜的数字相同，所以需要用到 if…else 结构。在猜完之后，要根据猜的次数给出评语，这又可以用到 switch…case 结构。采用循环与分支的结合，可以完美地完成这个任务。

程序清单如下：

```
import java.util.Random;
import java.util.Scanner;
public class Eg3_15{
    public static void main(String[] args){
        Random rd=new Random();
        int guessNumber =rd.nextInt(100)+1;        //产生 1～100 的随机整数
```

```
Scanner sn=new Scanner(System.in);
int guess;                                //参赛者所猜数字
int count=0;                              //猜的次数
do{
  System.out.print ("请输入你猜的数字：");
  guess=sn.nextInt();
  if(guess>guessNumber)
    System.out.println("大了！");
  else if(guess<guessNumber)
    System.out.println("小了！");
  count++;                                //每猜一次，计数器加 1
}while(guess!=guessNumber);
System.out.println("恭喜你，猜中了！");
switch(count){
    case 1:
        System.out.println("我的神！大奖非你莫属！");
    case 2:
    case 3:
        System.out.println("可惜了！大奖与你擦肩而过！");
    case 4:
    case 5:
    case 6:
        System.out.println("不错了！");
    default:
        System.out.println("你今天不宜参赛！");
    }
  }
}
```

说明：

① java.util.Random 类是用于产生随机数的，它的 nextInt(100)方法是随机产生一个 100 以内的非负整数。

② count 变量在程序中起到了计数器的作用，每猜一次，计数器加 1。

执行该程序，结果如下：

```
请输入你猜的数字：50
小了！
请输入你猜的数字：65
大了！
请输入你猜的数字：60
大了！
```

请输入你猜的数字：57

大了！

请输入你猜的数字：56

大了！

请输入你猜的数字：55

大了！

请输入你猜的数字：53

恭喜你，猜中了！

你今天不宜参赛！

哈哈，看来我今天运气不佳！

4．跳转语句

有时可能不知道循环执行的次数，没有办法给出确定的退出条件。有时在循环的过程中，不必要每次都顺序地执行完循环体，而需要跳过循环体中的一些语句，这时就要用到流程跳转语句了。

(1) break 语句。

　　语句格式：

　　　　break;

功能：跳出当前的 switch 结构或循环结构。

break 语句对于减少循环次数、加快程序执行起着重要的作用。break 语句在 switch 语句中的用法已经讲过，其功能是跳过匹配的 case 之后的语句而结束 switch 结构，继续执行 switch 结构后面的语句。break 语句在循环结构中与在 switch 中的功能类似，在循环体中遇到 break，结束循环，执行循环结构之后的语句。前边的例子中已经使用过，这里不再赘述。在循环嵌套中，break 语句用于结束本层循环，向外跳到下一层循环。

以 while 结构为例，break 语句的功能流程图如图 3-14 所示。

图 3-14　break 语句的控制流程图

(2) continue 语句。

　　语句格式：

　　　　continue;

功能：结束本次循环，即跳过本轮循环结构中尚未执行的语句，接着进行循环条件的判定，准备下一次的循环。以 while 结构为例，continue 语句的控制流程图如图 3-15 所示。

图 3-15　continue 语句的控制流程图

continue 语句只用在 for、while、do···while 等循环体中，常与 if 语句一起使用，用来加速循环。

例 3-17　输出 1~100 间所有 7 的倍数的数，每行输出 10 个。

分析：遍历 1~100 这 100 个数，如果是 7 的倍数，即%7=0，就输出，否则就丢弃。利用 for+continue 语句完成这项任务。

程序清单如下：

```
public class Eg3_16{
    public static void main(String[] args){
        int i=1;                          //循环变量
        int count=0;                      //输出符合要求的数的数目
        for(;i<=100;i++){
            if (i%7!=0)                   //判断是否为 7 的倍数
                continue;                 //否，进入下一轮循坏
            System.out.print("\t"+i);     //是，输出
            count++;                      //个数加 1
            if(count%10==0)               //如果个数为 10 的倍数
                System.out.println ();    //换行
        }
        System.out.println ();            //换行
    }
}
```

程序的运行结果如下：

```
7     14    21    28    35    42    49    56    63    70
77    84    91    98
```

5. 三种循环的比较

while、do···while 和 for 这三种循环在用来处理同一问题时，一般情况下它们可以互相代替。while 循环、do···while 循环属于当型循环，for 循环属于直到型循环。

用 while 循环和 do···while 循环时，循环变量的初始化操作应在循环体之前，而 for 循环一般在语句 1 中进行；while 循环和 for 循环都是先判断表达式，后执行循环体；而 do···while 循环是先执行循环体后判断表达式。也就是说 do···while 的循环体最少被执行一次，

而 while 循环和 for 循环的循环体就可能一次都不执行。

另外还要注意的是，这三种循环都可以用 break 语句跳出循环，用 continue 语句结束本轮循环。

例 3-18 用循环结构的三种形式来完成 1!+2!+…+10!的程序设计。

分析：使用变量的好处之一就是它的值可以动态地变化。这个看似两重循环的问题其实一个循环就可以搞定。

(1) 用 for 循环程序清单如下：

```java
public class Eg3_17_1{
    public static void main(String[] args){
        int i=1;               //循环变量
        long f=1;              //存储 i!
        long sum=0;            //前 i 个非 0 自然数阶乘和
        for(;i<=10;i++){
            f*=i;              //求出 i!
            sum+=f;            //把 i! 加到和中
        }
        System.out.println("1!+2!+...+10!="+sum);
    }
}
```

程序的执行结果是：

```
1!+2!+...+10!=4037913
```

(2) 用 while 循环程序清单如下：

```java
public class Eg3_17_2{
    public static void main(String[] args){
        int i=1;               //循环变量
        long f=1;              //存储 i!
        long sum=0;            //前 i 个非 0 自然数阶乘和
        while(i<=10){
            f*=i;              //求出 i!
            sum+=f;            //把 i! 加到和中
            i++;               //变量改变(迭代)
        }
        System.out.println("1!+2!+...+10!="+sum);
    }
}
```

(3) 用 do…while 循环程序清单如下：

```java
public class Eg3_17_3{
    public static void main(String[] args){
        int i=1;               //循环变量
```

```
        long f=1;              //存储 i!
        long sum=0;            //前 i 个非 0 自然数阶乘和
        do{
            f*=i;              //求出 i!
            sum+=f;            //把 i! 加到和中
            i++;               //变量改变(迭代)
        } while(i<=10);
        System.out.println("1!+2!+...+10!="+sum);
    }
}
```

6. 变量的作用域

Java 变量的作用范围有类级、对象实例级、方法级和块级四个级别。

- 类级变量又称全局级变量，在对象产生之前就已经存在，它要用 static 修饰。
- 对象实例级变量就是属性变量（详见第 6 章）。
- 方法级就是在方法内部定义的变量，是局部变量。
- 块级变量就是定义在一个块内部的变量，变量的生存周期就是这个块，出了这个块就消失了，如 if、for 语句块中声明的变量。

例 3-19　四种级别的变量使用，程序清单如下：

```java
public class Eg3_18 {
    private static String name = "Java 快车";      //类级变量
    private int i;                                 //对象实例级，Eg3-18 类的实例变量
    {                                              //属性块，在类初始化属性时运行
        int j = 2;                                 //块级变量
    }
    public void test1() {
        int j = 3;                                 //方法级变量
        if (j == 3) {
            int k = 5;                             //块级变量
        }
        //这里不能访问块级的变量，块级变量只能在块内部访问
        System.out.println("name=" + name + ",i=" + i + ",j=" + j);
    }
    public static void main(String[] args) {
        Test t = new Test();
        t.test1();
        Test t2 = new Test();
    }
}
```

运行结果：

```
name=Java 快车,i=0,j=3
```

说明：

① 方法内部除了能访问方法级的变量，还可以访问类级和实例级的变量。

② 块内部能够访问类级、实例级变量，如果块被包含在方法内部，它还可以访问方法级的变量。也可以这样理解，块级变量只在定义的块中(且在定义点之后)有效，当出了这个块，该变量就失效了。

③ 方法级和块级的变量必须被显式初始化，否则不能访问。

7. 多重循环与循环嵌套

若循环体中又包含有另一个循环结构，则称之为循环嵌套，或嵌套的循环结构，或多重循环。

嵌套的外循环结构称为外循环，被嵌套在外循环之内的循环结构称为内循环。必须注意，内循环要完全包含在外循环体内。

前面介绍了 while、do…while 和 for 三种类型的循环，它们自己本身可以嵌套，也可以互相嵌套。

注意：

① 外循环执行一次，内循环执行一轮。即只有当内层循环结束时，外层循环才进入下一次循环。

② 使用跳转语句可以从循环体内转至循环体外，提前结束循环。

③ 可以用不同的嵌套方法实现同一个功能。

例 3-20　输出 100 以内的全部素数。

分析： 质数也叫素数，是指除了 1 和本身之外没有其他因数的正整数，如 7 是素数而 8 不是。1 既不是质数也不是合数，最小的也是唯一的偶质数是 2。外循环 i 遍历 2～100，而内循环 j 从 2～i-1 验证是不是 i 的因数，如果是，直接跳出内循环进入下一轮循环；如果全部都不是，那么这个 i 就是素数了。事实上，j 没有必要从 2～i-1 验证，由于乘法满足交换律，所以到 i 的平方根就可以了。

程序清单如下：

```java
public class Eg3_19 {
    public static void main(String[] args) {
        int count=0;
        for(int i=2;i<100;i++){
            int flag=0;                      //用于标志是否为素数
            for(int j=2;j<=(Math.sqrt(i));j++){
                if(i%j==0) {                 //能够整除，就不是质数
                    flag++;                  //1 不是素数
                    break;                   //跳出内循环
                }
            }
```

```
        if(flag==0){                        //是素数，输出，素数个数加 1
                System.out.print("\t"+ i);
                count++;
        }
        if(count%10==0)                     //控制每行输出 10 个素数
                System.out.print("\n");
    }
  }
}
```

程序执行结果如下：

2	3	5	7	11	13	17	19	23	29
31	37	41	43	47	53	59	61	67	71
73	79	83	89	97

例 3-21　组合数的计算。

组合数 C_n^m 的计算，实际上是阶乘的运算，其公式为

$$C_n^m = \frac{n!}{m! \times (n-m)!}$$

分析：这是一个简单的多重循环问题。阶乘可以用循环来完成，三个阶乘就是三个循环，最后做乘除运算就可以了。这个问题的结果一定是整数，所以不用担心是否会有误差。唯一担心的是可能会溢出。

程序清单如下：

```java
import java.util.Scanner;

public class Eg3_20{
    public static void main(String[] args){
        int n;                              //总体数
        int m;                              //样本数
        int i, j, k;                        //三个循环的循环变量
        long combo1=1,combo2=1,combo3=1,combo;     //三个阶乘和一个最终结果
        Scanner scan = new Scanner(System.in);

        System.out.print("请输入总体数和样本数： ");
        n = scan.nextInt();
        m = scan.nextInt();

        for(i=1;i<=n;i++)                   //计算输出 n!
                combo1*=i;
        for(j=1;j<=m;j++)                   //计算输出 m!
```

```
            combo2*=j;
        for(k=1;k<=n-m;k++)                    //计算输出(n–m)!
            combo3*=k;
        combo=combo1/(combo2*combo3);          //计算组合数
            System.out.print("Combo("+n+","+m+")"+"="+combo);
        }
    }
}
```

执行程序，当总体数为 6，样本数为 4，组合数的计算结果如下：

```
请输入总体数和样本数：6 4
Combo(6,4)=15
```

例 3-22　鸡兔同笼问题。《孙子算经》中有这样一道题，今有雉兔同笼，上有三十五头，下有九十四足。问：雉兔各几何?(雉：鸡)。

分析：鸡兔各有一个头，鸡有两只足，而兔有 4 只，各自的头一旦确定，则足也确定了，当头和足同时满足给定的条件时，问题就解决了。

在用 Java 语言编程解决实际问题时，如果能先做出它的数学表达式(模型)，问题就简单得多了。下列的编程就是基于一元一次方程的求解思路完成的。

程序清单如下：

```java
public class Eg3_21{
    public static void main(String[] args){
        int head = 35;          //总头数
        int feet = 92;          //总足数
        int i;                  //循环变量，也表示鸡的数量
        for(i=0;i<=35;i++){
            if(2*i+4*(35-i)==92)
                System.out.print("鸡有"+i+"只，兔有"+(35-i)+"只。");
        }
    }
}
```

执行结果如下：

```
鸡有 24 只，兔有 11 只。
```

例 3-23　九九乘法表。

分析：九九乘法表是一张二维表，所以总体上应该使用循环嵌套完成。细节上，乘法表主体部分直接用循环嵌套；左上角的"*"要单独输出；表列头 1～9 可以用循环一次完成；每行的头需要在内嵌循环中单独输出，然后循环输出此行中表的内容；要使表内容排列整齐，可以用"\t"定位；每行结束要换行，可以单独输出。

```java
public class Eg3_22 {
    public static void main(String[] args) {
        int i;                  //行控制
        int j;                  //列控制
```

```
        System.out.print("    *\t");                        //输出左上角"*"
        for(j=1;j<=9;j++)                                    //表头
            System.out.print(j+"\t");
        System.out.print("\n");                              //换行

        for(i=1;i<=9;i++){                                   //外循环
            System.out.print(""+i+"\t");                     //行头
            for(j=1;j<=i;j++)                                //每行内容
                System.out.print(i+"*"+j+"="+i*j+"\t");
            System.out.print("\n");                          //行结束，换行
        }
    }
}
```

程序执行结果如下：

*	1	2	3	4	5	6	7	8	9
1	1*1=1								
2	2*1=2	2*2=4							
3	3*1=3	3*2=6	3*3=9						
4	4*1=4	4*2=8	4*3=12	4*4=16					
5	5*1=5	5*2=10	5*3=15	5*4=20	5*5–25				
6	6*1=6	6*2=12	6*3=18	6*4=24	6*5=30	6*6=36			
7	7*1=7	7*2=14	7*3=21	7*4=28	7*5=35	7*6=42	7*7=49		
8	8*1=8	8*2=16	8*3=24	8*4=32	8*5=40	8*6=48	8*7=56	8*8=64	
9	9*1=9	9*2=18	9*3=27	9*4=36	9*5=45	9*6=54	9*7=63	9*8=72	9*9=81

3.4　项 目 学 做

　　该任务从只购买一件商品到一次购买多件商品、从普通顾客到 VIP 会员，用本章学习的结构化程序设计的三种结构来完成。模拟收银台操作的内容，把扫码和收银员的录入都看成是键盘录入，对顾客在屏上显示的内容作为控制台输出。

　　(1) 仅购买一件商品，付款额与价钱一样，不用找零。这是一个简单的顺序控制流程的例子。参考代码如下：

```
public class Task_1{
    public static void main(String[] args){
        double price;
        double pay;
        Scanner scan = new Scanner(System.in);
```

```
        System.out.print("购买商品的价格: ");
        price = scan.nextDouble();
        System.out.println("应付款: "+price);
        pay = price;
        System.out.println("付款: "+pay);
        System.out.println("欢迎下次光临! ");
    }
}
```

运行该程序,结果如下:

```
购买商品的价格: 3.31
应付款: 3.31
付款: 3.31
欢迎下次光临!
```

(2) 如果从超市购得多件商品(比如三件),付款后需要找零,这仍然是顺序控制的例子。
程序清单如下:

```
import java.util.Scanner;
public class Task_2{
    public static void main(String[] args){
        double price1,price2,price3;  //商品价格
        double total;                 //消费总额
        double pay;                   //付款额
        double change;                //找零
        Scanner scan = new Scanner(System.in);
        System.out.print("购买商品 1 的价格: ");
        price1 = scan.nextDouble();
        System.out.print("购买商品 2 的价格: ");
        price2 = scan.nextDouble();
        System.out.print("购买商品 3 的价格: ");
        price3 = scan.nextDouble();
        total = price1+price2+price3;//计算消费总额
        System.out.println("购物总额: "+total);
        System.out.print("付款: ");
        pay = scan.nextDouble();
        change = pay-total;           //计算找零
        System.out.print("找零: "+change);
        System.out.println("\n 欢迎下次光临! ");
    }
}
```

(3) 超市购物打折计算。某超市规定,凡一次购物在 1000 元及以上的打九折,在 500

元以上的打九五折，500 元以下不打折。这里我们只考虑消费总额，不考虑商品细节。使用分支结构的 if···else if 结构完成。程序清单如下：

```java
import java.util.Scanner;
public class Task_3{
    public static void main(String[] args){
        double total;               //消费总额
        double pay;                 //付款额
        double discount;            //折扣
        double change;              //找零
        Scanner scan = new Scanner(System.in);
        System.out.print("消费总额：");
        total = scan.nextDouble();
        if(total >=1000)            //打折情况
            discount=0.9;
        else if(total >=500)
            discount=0.95;
        else
            discount=1;
        total   =total *discount;   //计算应付款
        System.out.print("应付款："+total);
        System.out.print("\u 付款：");
        pay = scan.MextDouble();
        change = pay-total;                   //计算找零
        System.out.print("找零："+change);
        System.out.println("\n 欢迎下次光临！");
    }
}
```

执行程序，当消费额为 1200 元、840 元、331 元时的运行结果如下所示：

消费总额 1200 元：

消费总额：1200

应付款：1080.0

付款：1100

找零：20.0

欢迎下次光临！

消费总额 840 元：

消费总额：840

应付款：798.0

付款：800

找零：2.0

```
        欢迎下次光临！
消费总额 331 元：
        消费总额：331
        应付款：331.0
        付款：400
        找零：69.0
        欢迎下次光临！
```

(4) 某超市规定，如果是 VIP 会员且消费超过 1000 元的按 8 折优惠，不是 VIP 会员且消费超过 1000 元的按 9 折优惠；是 VIP 会员且消费不超过 1000 元的按 9 折优惠，不是 VIP 会员且消费不超过 1000 元的不优惠。

这是一个分支嵌套问题。程序控制流程如图 3-16 所示。

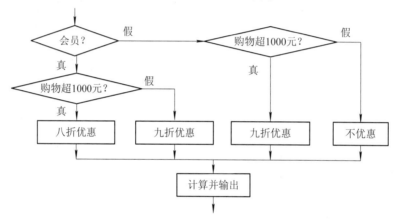

图 3-16　购物付款流程图

若只考虑消费总额，不考虑购物细节，程序清单如下：

```java
import java.util.Scanner;
public class Task_3{
    public static void main(String[] args){
        double total;             //消费总额
        double pay;               //付款额
        double discount;          //折扣
        double change;            //找零
        char isVIP;
        Scanner scan = new Scanner(System.in);
        System.out.print("消费总额：");
        total = scan.nextDouble();
        System.out.print("是否是会员(Y/y 是，其他不是)：");
        isVIP = scan.next().chatAt(0);

        if(isVIP ='Y'|| isVIP =='y') {      //按 Y 或 y 表示是会员，其他键表示非会员
```

```
                    if(total >=1000)
                            discount=0.8;
                    else
                            discount=0.9;
                } else if(total >=1000)
                            discount=0.9;
                    else
                            discount=1.0;

                    total   =total *discount;           //计算应付款
                    System.out.print("应付款：  "+total);
                    System.out.print("\n 付款：  ");
                    pay = scan.NextDouble();
                    change = pay-total;                 //计算找零
                    System.out.print("找零：  "+change);
                    System.out.println("\n 欢迎下次光临！ ");
                }
            }
```

对于消费额为 1200 元的会员，程序的执行结果如下：

```
消费总额：1200
是否是会员(Y/y 是，其他不是)：y
应付款：960.0
付款：1000
找零：40.0
欢迎下次光临！
```

（5）购物件数不确定。当你推着一车商品到收银台，收银员一件件的扫码，最后计算出消费总额，这个收银过程可以用 do…while 来模拟实现。可以设定价格是−1 时为循环结束条件。参考关键代码如下：

```
double price;                   //商品价格
double total=0;                 //消费总额
double pay;                     //付款额
double change;                  //找零
Scanner scan = new Scanner(System.in);
do{
    System.out.print("商品价格：  ");
    price = scan.nextDouble();
    total+=price;
}while(price!=-1);
System.out.print("消费总额：  "+total);
```

```
System.out.print("\n 付款：");
pay = scan.nextDouble();
change = pay-total;            //计算找零
System.out.print("找零："+change);
System.out.println("\n 欢迎下次光临！");
```

执行程序如下：

```
商品价格：12
商品价格：23
商品价格：34
商品价格：-1
消费总额：68.0
付款：100
找零：32.0
欢迎下次光临！
```

读者可以结合这几个小任务，把模拟超市购物的程序进一步完善。打印小票目前只能做到例子中的样子，当学了 JBDC 之后，条形码与商品信息关联起来，到时候，录入的不是价格，而是条形码，小票中就不会出现价格为-1 的字样了。另外，同样的商品可能一次购买很多件，逐个扫码太慢，可以加上商品数量这个变量。这些读者自行完成。

3.5 习   题

1. 简答题

(1) 程序流程图的功能是什么？有什么优缺点？

(2) 绘制流程图有哪些基本步骤？

(3) 结构化程序设计的原则有哪些？

(4) if 语句后面的表达式有什么要求？

(5) switch 结构中为什么要用 break？break 是否可以缺省？

(6) if 结构与 switch 结构有什么异同？

(7) 跳转语句 break 和 continue 有什么异同？

(8) 简述三种循环结构的应用场合。

2. 填空题

(1) 有程序段：

```
for(int i=1,sum=0;i<100;i++){
        sum+=i;
    }
```

其中，循环条件是_____，循环控制变量是_____，循环体是_____，修改循环条件的语句是_____，该循环执行_____次，循环结束时，循环变量的值是_____，sum的值是_____。

(2) 学生成绩变量 s 取值 88，下列语句输出结果是_____。

```
System.out.printf ("%s\n",s>=85?"优秀":"良好");
```

(3) 有以下程序

```
public    class Test2_3{
        public static void main(String[] agrs){
                int i,j,sum=0;
                for(i=1;i<5;i++)
                        for(j=1;j<4;j++)
                                sum++;
                System.out.println(sum);
        }
```

程序的输出结果是_____。

(4) 下列程序运行后的输出结果是_____。

```
public    class Test2_4{
        public static void main(String[] agrs){
                int x=15;
                while(x>10 && x<50){
                        if(x%3!=0) {x++;break;}
                        x+=2;
                }
                Systcm.out.println (""+x);
        }
}
```

(5) 如果执行

```
if(x>3)
        System.out.println ("A");
else
        System.out.println ("B");
```

后，输出结果是 B，表明 x>3 的值是_____。

(6) 借助于临时变量 t，交换 x 和 y 两个变量的值，应顺序执行的三条赋值语句是_____、_____和_____。

(7) 执行"for(int i=0; i<99;i++); System.out.print ("*");"后，将输出_____个*号。

(8) 与"int i=10; while(i<100){ System.out.print ("P");i++;}"等价的 for 语句是_____。

(9) 执行下列 switch 语句后 y 的值是_____。

```
int x=3;
int y=4;
switch(x+3){
        case 6:y=1;
        default:y+=1;
}
```

(10) 下列程序输出的结果是_____。

```java
public class A{
    public static void main(String[] args){
        int a=3,b=4,c=5,d=6;
        if(a<b || c>d)
            System.out.println("Who");
        else
            System.out.println("Why");
    }
}
```

3. 选择题

(1) 以下程序的输出结果是(　　)。

```java
public    class Test3_1{
    public static void main(String[] agrs){
        int a=2,b=-1,c=2;
        if(a<b)
            if(b<0) c=0;
            else   c+=1;
        System.out.println ("".+c);
    }
}
```

A. 0　　　　　　　B. 1　　　　　　　　C. 2　　　　D. 3

(2) 分析以下程序片段，给出所表示的数学函数关系式是(　　)。

```
y=-1;
if(x!=0) y=1;
if(x>0) y=1;
else y=0;
```

A. $y = \begin{cases} 1 & (x < 0) \\ 1 & (x = 0) \\ 0 & (x > 0) \end{cases}$　　　　　　B. $y = \begin{cases} 0 & (x < 0) \\ 0 & (x = 0) \\ 1 & (x > 0) \end{cases}$

C. $y = \begin{cases} -1 & (x < 0) \\ 1 & (x = 0) \\ 0 & (x > 0) \end{cases}$　　　　　　D. $y = \begin{cases} -1 & (x < 0) \\ 0 & (x = 0) \\ 1 & (x > 0) \end{cases}$

(3) 分析下列程序代码，若 week=6，则正确的输出选项是(　　)。

```java
import java.util.Scanner;
```

```java
public    class Test3_3{
     public static void main(String[] agrs){
          int week;
          Scanner scan = new Scanner(System.in);
          System.out.println("请输入 1～7 的整数：");
          week=scan.nextInt();
          switch(week){
               case 1: System.out.print ("Monday      ");
               case 2: System.out.print ("Tuesday      ");
               case 3: System.out.print ("Wehnesday      ");
               case 4: System.out.print ("Thursday      ");
               case 5: System.out.print ("Friday     ");
               case 6: System.out.print ("Saturday      ");
               case 7: System.out.print ("Sunday      ");
               default: System.out.print ("Enter error!\n");
          }
     }
}
```

A．Saturday

B．Saturday Sunday

C．Saturday Sunday Enter Error!

D．Enter Error!

(4) 分析下列程序代码，执行后，正确的输出选项是(　　)。

```java
public    class Test3_4{
     public static void main(String[] agrs){
          int y=10;
          while(y--==0);
          System.out.print ln("y="+y);
     }
}
```

A．y=−1　　　　B．y=0　　　　　　C．y=1　　　D．while 构成无限循环

(5) 下列程序的运行结果是(　　)：

```java
public    class Test3_5{
     public static void main(String[] agrs){
          int i=23;
          do{
               ++i;
          }while(i>0);
          System.out.print ln ("" +i);
     }
}
```

A. 23   B. 24   C. 无任何结果   D. 死循环

(6) 以下程序的输出结果是(   )。

```
public    class Test3_6{
    public static void main(String[] agrs){
        int i=0,n=0;
        do{
            i++;
            ++i;
        }while(n!=0);
        System.out.print ln (""+i);
    }
```

A. 0   B. 1   C. 2   D. 死循环

(7) 在 switch 结构中，(   )子句不是必选项。

A. default   B. switch   C. case   D. else

(8) 执行下列语句序列后，i 的值是(   )。

```
int i=8, j=16;
if(i-1>j) i--; else j--;
```

A. 15   B. 16   C. 7   D. 8

(9) 执行下列语句序列后，m 的值是(   )。

```
int a=10, b=3, m=5;
if(a==b) m+=a;else m=++a*m;
```

A. 15   B. 50   C. 55   D. 5

(10) 执行下列语句序列后，k 的值是(   )。

```
int i=10, j=18, k=30;
switch(j-i){
    case 8: k++;
    case 8: k+=2;
    case 8: k+=3;
    default: k/=j;
}
```

A. 2   B. 31   C. 32   D. 33

(11) (   )循环结构中，先执行循环体，然后再检查循环条件。

A. while   B. do…while   C. for   D. for while

(12) 用于直接终止循环的语句是(   )。

A. break;   B. continue;   C. exit;   D. quit;

(13) 下面程序的运行结果是(   )。

```
public    class Test3_13{
    public static void main(String[] agrs){
        int i;
```

```
for(i=1;i<=5;i++)
    switch(i){
        case 1:
            System.out.print ("i=1");
            continue;
        case 2:
            i=1;
        case 3:
            System.out.print ("i=3");
            continue;
        case 4:
            System.out.print ("i= "+i);
            i++;
            break;
    }
    System.out.print ("i="+i);
}
```

A. i=1 i=1 i=3   B. 无结果   C. i=3 的死循环   D. i=3

(14) 若 a 与 b 均为整型变量且已经正确赋值，下面 switch 语句中正确的是(   )。

A. switch(a+b);{……}   B. switch(a+b*3.0) {……}

C. switch a{……}   D. switch(a/b){……}

(15) 执行下列程序段：

```
int k;
......
if(k>50)
    printf("G");
if(k<100)
    printf("L");
```

不可能的结果是(   )。

A. G   B. L   C. GL   D. 无任何结果

(16) 若变量已经正确定义，则以下能正确计算 5!的程序段是(   )。

A. f=0;   B. f=1;   C. f=1;   D. f=1;
   for(i=1;i<=5;i++)   for(i=1;i<5;i++)   for(i=5;i>1;i++)   for(i=5;i>=2;i--)
       f*=i;   f*=i;   f*=i;   f*=i;

(17) 结构化程序由三种基本结构组成，三种基本结构组成的算法(   )。

A. 可以完成任何复杂的任务   B. 只能完成部分复杂的任务

C. 只能完成符合结构化的任务   D. 只能完成一些简单的任务

(18) 有以下程序：

```
public    class Test3_18{
    public static void main(String[] agrs){
        int i;
        for(i=0;i<3;i++)
        switch(i) {
            case 0: System.out.print (""+i);
            case 2: System.out.print (""+i);
            default: System.out.print (""+i);
        }
    }
}
```

程序运行后的输出结果是(　　)。

A．022111　　　　　　B．021021　　　　　C．000122　　　　　　D．012

(19) 以下说法错误的是(　　)。

A．do…while 语句与 while 语句的区别仅在于关键字 while 出现的位置不同

B．while 语句是先进行循环条件判断，后执行循环体

C．do…while 语句是先执行循环体，后判断循环条件

D．while、do…while 和 for 语句的循环体都可以是空语句

(20) 以下关于 switch 语句的说法正确的是(　　)。

A．每个 case 都必须有 break 语句

B．在 switch 语句中可以根据需要使用或不使用 break 语句

C．每个 switch 语句的最后都必须有 default 语句

D．switch 之后的条件表达式只能是整数

4．编程题

(1) 输入一个整数，判断它是奇数还是偶数。

(2) 编写一个程序，求半径为 r 的圆的周长和面积以及半径为 r 的球的表面积和体积。

(3) 编写一个程序，验证用户输入的字符是否为大写字母。

(4) 纳税是每个公民的义务。表 3-1 是 2018 年个税应纳税税率表，输入一个纳税人的月收入，编程计算出个人应纳税额。

表 3-1　个人所得税税率表(工资、薪金适用)

级数	全月应纳税所得额/元	税率/(%)	速算数
1	不超过 3000	3	0
2	3000～12 000	10	105
3	12 000～25 000	20	555
4	25 000～35 000	25	1005
5	35 000～55 000	30	2755
6	55 000～80 000	35	5505
7	超过 80 000	45	13505

计算方法：这里五险一金按照 22%计算，免征额为 5000：

个人所得税 = (应发工资 − 五险一金个人缴纳部分 − 免征额) × 税率 − 速算扣除数

= 月应纳税所得额 × 税率 − 速算扣除数。

如应发工资是 10 000 元，应纳税所得额是：

$$10\ 000 - 10\ 000 \times 0.22 - 5000 = 2800 < 3000$$

则应缴纳个人所得税：

$$(10\ 000 - 10\ 000 \times 0.22 - 5000) \times 3\% - 0 = 84\ 元$$

(5) 绘制如图 3-17 所示的边长为 4 的由"*"组成的实心菱形图案。

```
      *
     * * *
    * * * * *
   * * * * * * *
    * * * * *
     * * *
      *
```

图 3-17　实心菱形图案

(6) 完数。所谓完数是指恰好等于其非本身的所有因子之和的一个自然数。例如 6 = 1 + 2 + 3。编程找出 1000 以内的所有完数。

(7) 水仙花数。水仙花数是指一个三位数：它的个位、十位和百位上数字的立方和等于该数本身。编写程序，求出所有的水仙花数。

(8) 最大公约数和最小公倍数是对于自然数而言的两个概念。最大公约数是指几个自然数共同的因数中最大的那个；最小公倍数是指几个自然数共同的倍数中最小的那个。两个数的最大公因数可以用辗转相除法实现，其关键代码如下：

```
int a,b,r;  //分别是被除数、除数和商
r=a%b;
while(r!=0) { a=b; b=r;}
```

结果 b 是最大公因数。

最小公倍数可利用最大公因数和这两个数的积求得，如 gcd(12,18)=6;lcm(12,18)=36。

(9) 定义一个新运算 $(m,n) = m + mm + mmm + \cdots + \underset{n\text{个}m}{\underbrace{m\cdots m}}$。其中 m 是一个 1~9 的数字，n 是一个正整数。(m,n)表示 n 个加数的和，每个加数分别是由一个 m、两个 m、……和 n 个 m 组成的十进制数。如(2,5) = 2 + 22 + 222 + 2222 + 22222 = 24690。

通过键盘输入 m 和 n 的值，并输出结果。

(10) 古典数学趣题——百鸡百钱问题。一百元钱去买鸡，公鸡每只 5 元，母鸡每只 3 元，小鸡每只 3 元。问公鸡、母鸡和小鸡各买多少只？列出所有的购买方案。

提示：小鸡的个数应为 3 的整数倍。

第 4 章　数组与字符串

单元概述

在 Java 语言中，除了基本数据类型之外，还有引用数据类型。数组与字符串就属于引用数据类型。数组可以看成是由相同数据类型元素构成的集合，这些元素可以是基本数据类型，也可以是引用数据类型。字符串在 Java 中是独立的引用数据类型，也可以看成是字符数组。

引用数据类型需要用 new 关键字予以初始化。

目的与要求

- 熟悉数组的概念、分类
- 掌握一维数组的声明、创建、初始化
- 掌握二维数组的声明、创建、初始化
- 使用数组实现排序、查询、插入和删除算法
- 了解字符串类型 String 与 StringBuffer 的用法

重点与难点

- 数组与字符串的概念
- 数组的声明、创建、初始化
- 常用算法设计

4.1　项　目　任　务

把一个班学生的 Java 程序设计课程的成绩进行统计，然后计算出最高成绩、最低成绩、平均成绩、及格率和及格人数。

4.2　项　目　解　析

对于某个同学某门功课的成绩的统计，可以用基本数据类型来实现；对于一个班甚至一个年级的全体同学的某门功课甚至全部课程的成绩的统计与分析，用基本数据类型来处理就很麻烦了。想想 Excel 表格对于大量数据的统计与分析方法，Java 是否也有这种功能

或方法呢? 答案是确定的。Java 语言提供了数组这种数据类型, 用于处理大量相同数据类型的数据。将学生成绩等信息存放在数组中, 通过算法设计来完成学生成绩的统计与分析。

4.3 技 术 准 备

4.3.1 数组的概念与分类

在程序设计中, 为了数据处理方便, 把相同类型的若干变量顺序地组织起来, 按其位置(下标)进行访问, 这些按序排列的同类数据元素的集合称为数组。这些数据线性存放在连续的内存地址中。

数组属于引用(构造)数据类型, 它实际上是数组变量的简称。一个数组可以由多个数组元素构成, 这些数组元素可以是基本数据类型, 也可以是引用数据类型。

按数组元素的数据类型不同, 数组可分为数值数组、字符数组、字符串数组等。根据数组的维数, 数组又可分为一维数组和多维数组。本章主要介绍一维数组、二维数组和字符串。

4.3.2 一 维 数 组

一维数组本质上就是线性排列的同类数据构成的集合。

1. 一维数组的声明

和基本数据类型一样, 数组变量在使用之前也要事先声明, 其声明格式如下:

数据类型名 数组名[ ];

或

数据类型名[] 数组名;

数据类型可以是 Java 语言中任意的数据类型。"[]"是数组的标志, 可以放在数据类型名后面, 也可以放在数组名后面, Java 中习惯放在类型名后面, 可以理解成某种类型的数组, 名为数组名。例如:

```
int []    score;
```

或

```
int    score[ ];
```

两种方法均声明了一个数组名为 score 的一维整型数组。

2. 一维数组的创建

声明数组只是得到一个存放数组的变量, 但并没有真正地为数组分配内存空间。只有创建了数组, 才能为数组变量分配内存空间, 才可以真正地使用它。

创建数组要用到关键字 new, 其语法格式如下:

数组名 = new 数据类型[数组长度];

其中, 数组长度就是数组中可以存放的元素的个数。该语句为数组分配了相应的内存空间。

如果数据类型是 int，长度为 10，由于一个 int 数占用 4 个字节的内存，10 个 int 数则需要占用 $10 \times 4 = 40$ 个字节的内存，而且是连续的。数组长度必须是整型常量、整型变量或整型表达式。数组一旦创建好，其长度在程序中是不能修改的，例如：

```
int[] score;

score = new int[5];
```

声明并创建了连续 20 个字节的内存空间存放整型数组 score。

和基本类型变量一样，也可以在声明的同时创建数组，例如：

```
int[] score = new int[5];
```

3. 一维数组的引用

数组元素的引用方式为：

数组名[下标数];

通过数组下标(index)来引用(访问)数组元素。在 Java 语言中，数组下标从 0 开始，到数组长度减 1 结束。这个也好理解，如果最后一个元素是"数组名[数组长度]"，这就与数组声明相混淆了。

每个数组都有一个公有属性 length 来指明它的长度，它是只读的、不可改变的。例如：score.length 指明数组 score 的长度。

为了安全考虑，数组的存取在程序运行时要实时检查，所有使用小于零或大于数组长度的下标都会引起越界异常(ArrayIndexOutofBoundException)。

4. 一维数组的初始化

给数组元素分配内存之后，为数组元素赋初值的过程称为数组初始化。初始化可分为静态初始化和动态初始化。

1) 静态初始化

当数组元素的初始化值直接由括在大括号"{ }"之间的数据给出时，就称为静态初始化，也称为数组元素的整体赋值(初始化)。该方法适用于数组的元素不多且初始元素确定的情况。静态初始化往往和声明结合在一起使用，其格式如下：

数据类型名[] 数组名={元素 1[, 元素 2…]};

其中，元素 1、元素 2 等是用与数据类型名相同类型的数据为数组元素赋初值；大括号中的方括号"[ ]"表示可选项，例如：

```
int[] score={ 98,75,66,31,84};
```

表示声明了一个一维整型数组 score，并用 98、75、66、31、84 为它的第一、二、三、四、五号元素初始化，而且该数组的长度就是 5。

静态初始化不需要创建数组，即不用 new 操作符，直接用大括号为数组整体初始化，数组的长度就是大括号中数据的个数。下面的初始化是错误的：

```
int[] score;

score={ 98,75,66,31,84};
```

数组的静态初始化必须在声明的同时进行，而不能先声明再进行静态初始化。

2) 动态初始化

与静态初始化不同，动态初始化先用 new 操作符为数组分配内存，然后才为每一个元素赋初值。其一般格式如下：

数组名 = new 数据类型 [数组长度];

其中，数组名是已定义的数组名；数据类型为数组元素的数据类型，必须与定义时给出的数据类型保持一致；数组长度为数组元素的多少，它可为整型表达式或整型常量。

由于数组长度确定，下标连续，因此通常用 for 循环为数组动态初始化。如从控制台通过键盘为 "int score = new int[5];" 创建的数组初始化的代码如下：

```
Scanner input = new Scanner(System.in);
for(int i=0;i<5;i++)
    score[i] = input.nextInt();
```

也可以用 for 循环对数组中的元素进行遍历。

5．一维数组的应用

例 4-1 把 1～5 这 5 个数正序输入，反序输出。

分析：这 5 个相同类型的整型数据可以通过一个 int 数组来保存。

```
public class Eg4_1{
    public static void main( String args[ ] ){
        int i;
        int a[ ]=new int[5];
        for( i=0; i<5; i++ )          //动态初始化
            a[i]=i;
        for( i=a.length-1; i>=0; i-- )   //反序输出数组元素
            System.out.print(a[i] +"");
        System.out.println();
    }
}
```

程序执行结果如下：

```
5 4 3 2 1
```

例 4-2 用数组重写 Fibonacci(斐波那契)序列程序。

Fibonacci 序列的递归算法表示为：$F_1 = F_2 = 1$，$F_n = F_{n-1} + F_{n-2}$。把这 n 个有序整数存放在一个长度为 n 的 int 数组中。以 Fibonacci 序列的前 10 个数为例，程序清单如下：

```
public class Eg4_2{
    public static void main( String args[ ] ){
        int i;
        int f[ ]=new int[10];
        f[0]=f[1]=1;              //序列的第一、二个元素
        for( i=2; i<10; i++ )      //序列第三及之后的元素
            f[i]=f[i-1]+f[i-2];
        System.out.println("Fibonacci 序列的前 10 个数是：");
        for( i=0; i<10; i++ )      //一次性输出 10 个元素
```

```
                System.out.print (f[i] + "\t");
            System.out.println();
        }
    }
```

程序执行结果是：

Fibonacci 序列的前 10 个数是：

| 1 | 1 | 2 | 3 | 5 | 8 | 13 | 21 | 34 | 55 |

4.3.3　二维数组

我们在讨论一维数组的时候谈到，数组的元素类型可以为数组，即数组的嵌套。其实，多维数组可以看作是数组的数组。也就是说，多维数组中每个元素为一个低一维的数组。由于多维数组中用得较多的还是二维数组，因而本节着重讨论二维数组的属性，其他高维数组可以以此类推。

1. 二维数组的声明、创建与初始化

二维数组的声明、创建和初始化过程基本与一维数组的类似。

1）二维数组的声明

与一维数组类似，二维数组声明的一般格式如下：

　　　　数据类型　　数组名[ ] [ ];

或

　　　　　数据类型[ ] [ ]　　数组名;

其中，数据类型为数组元素的数据类型，它可以是任何的数据类型；数组名是 Java 中合法的标识符。上面的定义并没有为数组元素分配内存空间，因而必须经过初始化后才能使用。二维数组由两对[]标识，例如：

```
int    array1[ ] [ ];        //定义一个名为 array1 的整型二维数组
```

或

```
int [ ] [ ]   array2;        //定义一个名为 array2 的整型二维数组
```

2) 二维数组的创建

创建二维数组，直接为每一维分配内存空间，格式如下：

　　　　数组名　= new　　数据类型[维 1 大小][维 2 大小];

　　例如：

```
int   a[ ] [ ] = new int[2][3]     //定义数组并为其分配存储空间
```

二维数组从维 1(行)开始，分别为每一维分配空间。注意：在 Java 语言中，必须首先为最高维分配引用空间，然后再顺次为低维分配空间。与一维数组相同，对于复合类型的数组，必须为每个数组元素单独分配空间。

3) 二维数组的初始化

二维数组的初始化是按照行优先的规则，先行后列进行初始化。二维数组的初始化也分为静态初始化和动态初始化两种。

(1) 静态初始化。

二维数组实际上可以看成是一张二维数表，相当于元素都是一维数组的一维数组，例如：

```
int arrayInt [ ] [ ]={ {1,2},{3,4},{5,6} };
char arrayChar [ ] [ ]={ {'a', 'b'},{'c', 'd'},{'e', 'f'} };
```

创建并初始化了一个二维整型数组 arrayInt 和一个二维字符数组 arrayChar。

(2) 动态初始化。

常用 for 循环嵌套为二维数组动态初始化。

值得注意的是：数组与基本数据类型在对数据初始化的处理上有所不同，基本数据类型必须进行初始化后才能使用，否则使用时会有变量"尚未初始化"的错误提示信息；而数组如果没有初始化，系统会自动为它提供初始化值。如 int 类型的数组，元素默认值是 0；double 类型的数据，元素默认值是 0.0；char 类型的数组，元素默认值是'\0'(空字符)；引用数据类型的数组，元素默认值是 null。

4) 二维数组的引用

当对二维数组进行了初始化后，就可以在程序中引用数组的元素了。二维数组元素的引用是通过数组名和下标值来进行的，其一般格式如下：

数组名 [下标 1] [下标 2]；

其中，下标 1 为数组元素的行下标；下标 2 为数组元素的列下标。二维数组中，下标同样是一个 int 类型数。Java 语言中，由于把二维数组看作是数组的数组，数组空间不是连续分配的，所以不要求二维数组每一维的大小都相同。

2. 二维数组的应用举例

例 4-3　求方阵转置的程序设计。

分析：在数学中，矩阵(Matrix)是一个按照长方形阵列排列的复数或实数集合，是一个二维数表。当行数和列数相等时，称为方阵，如：

$$\begin{bmatrix} 1 & 2 & 3 \\ 4 & 5 & 6 \\ 7 & 8 & 9 \end{bmatrix}$$

称为三阶方阵。矩阵的转置就是把矩阵的行和列对调后所得到的新矩阵，如上述方阵的转置矩阵是：

$$\begin{bmatrix} 1 & 4 & 7 \\ 2 & 5 & 8 \\ 3 & 6 & 9 \end{bmatrix}$$

由于矩阵是一个二维数表，所以可以用二维数组来表示。矩阵数据的输入和输出都可以由循环嵌套来实现。程序清单如下：

```
public class Eg4_3 {
    public static void main(String[] args) {
        int i, j, t;
        int[][] a= {{1,2,3},{4,5,6},{7,8,9}};
```

```
        //以下显示原矩阵
        System.out.println("该矩阵是：");
        System.out.println("=========");
        for( i=0;i<3;i++){
            for( j=0;j<3;j++)
                System.out.print(""+a [i][j]+"");
            System.out.print("\n");
        }
        System.out.println("=========");
        //以下是求矩阵的转置
        for( i=1;i<3;i++){
            for( j=0; j <i; j++){            //也可以是 for( j=i+1; j <3; j++)，仅做上、下三角交换
                t = a[i][j];
                a[i][j] =a[j][i];
                a[j][i] = t;
            }
        }
        //以下显示转置矩阵
        System.out.println("转置矩阵是：");
            System.out.println("=========");
            for( i=0;i<3;i++){
                for(j=0;j<3;j++)
                    System.out.print(""+a [i][j]+"");
                System.out.print("\n");
            }
            System.out.println("=========");
        }
}
```

程序执行结果如下所示。

原矩阵是：

```
=========
1   2   3
4   5   6
7   8   9
=========
```

转置矩阵是：

```
=========
1   4   7
2   5   8
```

```
3   6   9
=========
```

说明： 对于方阵的转置，只是上三角与下三角（或左右三角）的交换，如果嵌套的循环也是从 0 到 2，那么结果矩阵与原矩阵是一样的。

4.3.4 常用算法设计

1. 排序

在众多的排序算法中，冒泡排序法是非常重要的一个。冒泡排序法就是将数组中的第一个数与后面的所有数依次进行比较，如果 array[i]>array[i+1]就交换，这样一轮循环下来将最小的数放在最前面，即冒出一个泡。之后对剩下的 n–1 个数用同样的方法进行交换。冒泡排序法可以用循环嵌套来实现，如例 4-4 中程序所描述的那样。当然，也可以每次冒出的是最大的，即若 array[i]<array[i+1]就交换。

例 4-4 将数组元素{30，1，–9 ，70}从小到大排序。

程序清单如下：

```java
public class Eg4_4{
    public static void main( String args[ ] ){
        int i,j;
        int   array[ ]={30,1,-9,70};
        for( i=0; i<array.length-1; i++)
            for( j=i+1; j< array.length; j++ )
                if( array[i]>array[j] ){
                    int t=array[i];
                    array[i]=array[j];
                    array[j]=t;
                }
        for( i=0; i<array.length; i++ )
            System.out.print (array[i]+"");
        System.out.println();
    }
}
```

程序执行结果是：

```
-9 1 30 70
```

2. 查找

查找算法在数据库程序设计中应用非常广泛。最简单的查找就是顺序查找，顺序查找又叫线性查找。它是把待查数与数据表中的数依次进行比较，如果相等，就记住这个位置并输出；如果直到结束都没有相等的，就输出相应的未找到信息。

为了让大家更好地理解顺序查找，我们给出一个具体的例子。

例 4-5 有一个数组{12，23，34，45，–1，89}，待查找的数是 45，请用顺序查找算法查找 45 在数组中所在的位置。程序清单如下：

```java
public class Eg4_5{
    public static void main( String args[ ] ){
        int i,j=0;
        int searcher =45;
        int    array[ ]={12, 23, 34, 45, -1, 89};
        for( i=0; i<array.length; i++)
            if(array[i] ==searcher){
                j=i;
                break;
            }
        if(i== array.length)
            System.out.println("数据表中没有"+searcher+"这个数。");
        else
            System.out.println(searcher+"，是数组中第"+(j+1)+"个数。");
    }
}
```

程序执行结果是：

45，是数组中第 4 个数。

3．插入

插入算法要求在一个已经排序好的数组中的适当位置插入一个新的数据，插入后还是有序的。假设数组由小到大已经排列好，沿用顺序查找算法的思路，顺序地将待插入的数与数组中的各数进行比较，当出现待插入的数小于数组中的数时，就在这个位置插入该数。插入的数占用了数组中原来数的位置，因此要将之后的数依次后移，以留出待插入数的位置。

由于数组一旦创建，大小就不能改变，所以在使用插入算法时，定义的数组长度应为插入后数组的长度。

例 4-6 有一个有序数组"int[] arr={3,8,10,15,21,33,0};"，现在要插入一个 12 的数据，要求插入后还是有序的。

```java
import java.util.*;
public class Eg4_6{
    public static void main(String[] args){
        Scanner input=new Scanner(System.in);
        int[] arr={3,8,10,15,21,33, 0};          //注意最后一个元素为 0
        System.out.print("请输入要插入的(整)数：");
        int a=input.nextInt();
        arr[arr.length-1]=a;                     //把要插入的数先放在空位上
        for(int i=arr.length-2;i>=0;i--){
```

```
        if(arr[i]>arr[i+1]){
                int t=arr[i];
                arr[i]=arr[i+1];
                arr[i+1]=t;
            }else{
                break;
            }
        }
    for(int i=0;i<arr.length;i++)
        System.out.print (arr[i]+"\t");
    }
}
```

说明： 可以看到，程序中创建的数组与原始数组并不是完全相同，最后多了一个元数 0。这就是给要插入的数预留的空位。由于整体静态初始化已经确定了数组的长度，而数组长度是不能改变的，所以在最后加一个 0(也可以是其他任意整数)，作为预留的空位。

如果用动态初始化给数组赋值，那么在创建时就将数组的长度人为地加 1，这样就不需要给最后添加元素值了。

程序执行结果如下：

请输入要插入的(整)数：12

3　　8　　10　　12　　15　　21　　33

也可以先找到待插入数的位置，如 j，用 for 循环腾出空位，再将待插入数放入空位，如 "arr[j]=input;"。读者自己完成。

4．删除

删除并不要求原始数组是排序好的，只要将待删除的数与数组的元素依次进行比较，相等时就删除，删除之后，后边的元素依次向前补位即可。由于删除以后长度减少 1，最后一个元素可能重复或为空，输出时控制在长度−1 个元素就可以了。

例 4-7 有一个有序数据 "int[] arr={3,8,10,15,21,33,12};"，现在要删除一个数据，并输出删除后的结果数组。

```
import java.util.*;
public class Eg4_7{
    public static void main(String[] args){
        int i, j;
        int[] arr={3,8,10,15,21,33,12};
        Scanner input=new Scanner(System.in);
        System.out.print("请输入要删除的(整)数：");
        int a=input.nextInt();
        for(i=arr.length-2;i>=0;i--){
            if(arr[i]==a)
```

```
                    break;
            }
        if(i<0)
            System.out.println("无此要删除的数！");
        else{
            for(j=i; j<arr.length-1; j++)
                arr[i]=arr[i+1];
            System.out.println("删除后的数组如下：");
            for(int i=0;i<arr.length-1;i++)
                System.out.print (arr[i]+"\t");
        }
    }
}
```

说明： 如果待删除的数不在数组中，应提示没有找到要删除的数。

当输入待删除的数是 15 时，程序执行结果如下：

```
输入要删除的(整)数：15
删除后的数组如下：

3    8    10    21    21    33
```

当输入待删除的数是 88 时，程序执行结果如下：

```
请输入要删除的(整)数：88
无此要删除的数！
```

增删改查在数据库操作中非常重要，由于到此尚未学习函数(方法)的概念，所以就用具体的例子来讲解。读者在学习了类和对象之后，就可以编写相应的方法了。

4.3.5　字符串

一个字符串就相当于一个一维的字符数组。字符串是 Java 语言中另一种引用型的数据类型。

1. String 类

String 类是字符串常量类，该类对象在建立后不能修改。Java 编译器保证每个字符串常量都是 String 类对象。用双引号括起来的一串字符即为字符串常量，比如"Welcome to Java World!"，在通过编译器编译后成为 String 对象(注：对象之于类，正如变量之于基本数据类型一样，详见第 5 章)。

实例化一个 String 类对象，即是初始化一个 String 类常量，可以使用字符串常量初始化，也可以通过系统提供的构造方法初始化。

构造方法是 Java 语言中类专为初始化对象提供的方法。构造方法必须与 new 一起使用。想想前面我们用过的 Scanner 类，现在就比较容易理解了。

1) String 类初始化

String 类可用字符串常量对其初始化，也可调用其构造方法来进行，例如：

```
String    str="Welcome to Java Wrold! ";
```

String 类常用的构造方法见表 4-1。

表 4-1　String 类常用的构造方法

方　　　法	功　　　能
String()	创建一个空字符串
String(String str)	由已知字符串 str 创建一个字符串对象
String(char[] arr)	由字符数组 arr 创建一个字符串对象

例如：

```
String s1=new String();          //字符串 s1 是空串，即""
String    str="Welcome to Java Wrold! ";
String s2=new String(str);       //字符串 s2 就是"Welcome to Java Wrold!"
char char1[]={ 'a', 'b', 'c', 'd'};
String s3=new String(char1);     //字符串 s3 就是"abcd"
```

2) 字符串类 String 的访问

字符串的访问即字符串的引用，Java 语言中 String 类的功能很强，它提供了几乎覆盖所有的字符串运算操作的方法。表 4-2 给出了一些常用的字符串运算方法。

表 4-2　String 类常用运算方法

方　　　法	功　　　能
length()	返回字符串的长度
toLowerCase()	将字符串的内容全部转换成小写
toUpperCase()	将字符串的内容全部转换成大写
charAt(int index)	返回字符串中下标为 index 的字符
subftring(int beginIndex)	返回字符串中从 beginIndex 开始的其余字符构成的字符串
subftring(int beginIndex,int endIndex)	返回字符串中从 beginIndex 开始到 endIndex 之前的所有字符构成的字符串
compareTo(String str)	按字典顺序与字符串 str 进行比较，返回差值
replace(char oldChar, char newChar)	将字符串中的 oldChar 字符用 newChar 字符替换
starWith(String prefix)	比较字符串是否以 prefix 作为前缀(开始)
endWith(String suffix)	比较字符串是否以 suffix 作为前缀(结束)
indexOf(char ch)	返回字符 ch 在字符串中每次出现的位置(下标)
lastIndexOf()	返回字符串最后一个字符的下标或指定字符在字符串中最后一次出现的下标

字符串引用的格式是：

　　　　字符串对象.方法名(或属性名);

其中，"."相当于汉语中的"的"，上述语句表示引用指定字符串对象的方法或属性，例如：

```
String s="abCD";
int i=s.length();                //i=4
String s1=s.toLowerCase();       //s1="abcd"
```

```
String s2=s.toUpperCase();        //s2="ABCD"
char c=s.charAt(3);               //c='D'
String s3=s.subftirng(2);         //s3="CD"
String s4=s.subftirng(1,3);       //s4="bC"
boolean b1=s.startWith("ab");     //b1=true
boolean b2=s.endWith("cd");       //b2=false
int m=s.indexOf('C');             //m=2
int k=s.lastIndexOf('C');         //k=2
String s5=s.replace('b', 'B');    //s5="aBCD"
```

2．StringBuffer 类

String 类是字符串常量类，初始化后就不能进行修改了，而 StringBuffer 类是字符串缓冲区，可以简单地理解为是字符串变量，不仅可以接受修改，还可以将其内容整个读入文件。在 Java 中，StringBuffer 类使用起来比 String 类更加灵活、方便。

1）StringBuffer 类的初始化

StringBuffer 类只能用构造方法对其初始化，如果想用语句"StringBuffer s= "Welcome to Java World! ";"对其初始化，则系统会给出出错信息。StringBuffer 常用的构造方法如表 4-3 所示。

表 4-3   StringBuffer 常用的构造方法

方　　　法	功　　　能
StringBuffer()	创建空字符串对象，分配 16 个字符缓冲区
StringBuffer(int len)	创建字符串对象，分配 len 个字符缓冲区
StringBuffer(String str)	创建初始值为 str 的字符串对象

2）StringBuffer 类的访问方法

StringBuffer 类的访问方法主要就是添加字符和插入字符，如表 4-4 所示。

表 4-4   StringBuffer 类常用的方法

方　　　法	功　　　能
length()	返回字符串长度
setLength()	重新设置字符串的长度
charAt(int index)	返回字符串中由 index 下标指定的字符
setCharAt(int index,char ch)	将字符串中 index 位置的字符设置成 ch
append(Object obj)	将对象 obj 转换成字符串追加到原字符串之后
insert(int offset,Object obj)	将对象 obj 转换成字符串插入到原字符串 offset 位置
toString()	将字符串转换成 String 类对象

Java 虽然不支持运算符的重载，但"＋"是个例外，它可以用来实现字符串的连接，在 println()方法中已经大量使用过。例如：

```
String str ="Welcome "+"to"+" Java! ";
```

等价于：

```
String str ="Welcome to Java! ";
```

二者都可以正确地表示字符串"Welcome to Java!"。

对于 StringBuffer 类，编译器首先生成类 StringBuffer 的一个实例，然后连续调用 append() 方法给字符串添加内容。最后，再调用 toString()方法把 StringBuffer 对象转换为 String 对象。上例相当于执行下列语句：

```
String s=new    StringBuffer("Welcome ").append("to ").append("Java! ").toString();
```

3．字符串的比较

String 类提供的 equals()和 equalsIgnoreCase()方法可以用来对两个字符串进行比较。

equals()方法用于比较两个字符串中的内容是否相同，如果相同，返回 true；否则返回 false。使用格式是：

```
str1.equals(String str2);
```

例如：

```
String str1 = "Hello";
Boolean b = str1.equals("Hello");
```

这个程序段运行的结果是 b 的值为 true。

equalsIgnoreCase()与 equals()基本相同，只是前者忽略大小写。

这两个方法与运算符"=="实现的比较是不同的。运算符"=="比较两个对象是否引用同一个实例，而 equals()和 equalsIgnoreCase()则比较两个字符串中对应的每个字符值是否相同，如：

```
String str1 = "Hello";
String str2 = "Hello";
```

str1 == str2 的值为 true，因为它们引用了同一个对象 Hello，而

```
String str1 = new String("Hello");        //创建了一个字符串对象，值为"Hello"
String str2 = new String("Hello");        //创建了另一个字符串对象，值为"Hello"
```

str1 == str2 的值为 false。

无论如何，str1.equals(String str2)的值均为 true。

4.4 项 目 学 做

一个学生的成绩，用几个变量就可以解决，但对于一个班、一个专业、一个年级的学生成绩，用简单变量处理显然是不可取的。对于成绩信息，其数据类型是相同的，因此用数组是非常合适的。下面代码中只给出了求出最高成绩及对应的学生姓名，其他的任务读者自己完成。

参考代码如下：

```
import    java.util.Scanner ;
public class Task4 {
    public static void main(String[] args) {
        Scanner scan = new Scanner(System.in);
        System.out.println("请输入学生的人数：");
```

```
        int numberOfStudents = scan.nextInt();              //学生人数
        String[] names = new String[numberOfStudents];      //学生姓名
        double[] scores = new double[numberOfStudents];     //学生成绩

        for (int i = 0; i < numberOfStudents; i++) {
            System.out.println("请输入学生姓名：");
            names[i] = scan.next();
            System.out.println("请输入学生成绩：");
            scores[i] = scan.nextDouble();
        }

        for (int i = scores.length - 1; i >= 1; i--) {       //求最高成绩
            double currentMax = scores[0];
            int currentMaxIndex = 0;
            for (int j = 1; j <= i; j++) {
                if (currentMax < scores[j]) {
                    currentMax = scores[j];
                    currentMaxIndex = j;
                }
            }

            if (currentMaxIndex != i) {
                scores[currentMaxIndex] = scores[i];
                scores[i] = currentMax;
                String temp = names[currentMaxIndex];
                names[currentMaxIndex] = names[i];
                names[i] = temp;
            }
        }

        for (int i = scores.length - 1; i >= 0; i--) {
            System.out.println(names[i] + "\t" + scores[i]);
        }
    }
}
```

　　学生成绩管理至少应该有成绩的增删改查功能。前面在讲算法时，用具体的数据简单介绍了增删改查算法的实现。在 Java 程序设计中，使用方法(函数，详见第 5 章)来统一处理数据的增删改查，在主方法里只需要调用这些方法，就可以很容易地实现对成绩的管理，这也使得程序设计更具有模块化。

下面的代码中，首先创建一个数组模型类 ArrayModel，这个类中包括了数组的定义、数组内容的显示、对数组数据的增删改查操作。对于成绩管理，大家还可以添加排序、最大值、最小值、总和(总成绩)、平均值、及格率等功能。先创建主类，在主方法里创建 ArrayModel 对象，然后调用 ArrayModel 的方法实现对数组元素的管理。

```
//创建学生信息数组模型类
class ArrayModel {
    private int[] array;           //声明一个数组 array
    private int number=0;          //声明数组的元素个数 number
    private int count=0;           //count：用于记录查询或删除操作时，原数组中相同数据的个数
    public void setCount(int c){
        this.count=c;
    }
    public int getCount(){
        return this.count;
    }

    public ArrayModel(int num){             //构造方法：设置数组的初始化元素个数
        this.array = new int[num];
    }

    //在数组中插入值 value，插入的数组放在原数组之后，数组元素个数加 1
    public void insertArray(int value){
        this.array[number]=value;
        number += 1;
    }

//显示数组数据：其中数组的个数采用成员变量 number 进行遍历
    public void displayArray(){
        System.out.print("数组元素为: ");
        for (int i = 0; i < number; i++) {
            System.out.print(this.array[i]+"");
        }
        System.out.println();
    }
    //查询数据：因为查询到的数据可能有多个，故而这里不采用传统做法(只认为存在一个数据或者只返回第一个数据)，其中可以访问成员变量
    //getCount()获取查询到的数据个数，而不是通过 valueIndex.length 来获取查询到的数据个数
    public int[] selectArray(int value){
        int index=0,num=0;
```

```
        int[] valueIndex=new int[this.number];
        for (int i = 0; i < number; i++) {
            if (this.array[i]==value) {
                index=i+1;
                //在此 valueIndex 数组存放的是待查找的所有数组元素的位置：从 1 开始
                valueIndex[num++]=index;
            }
        }
        this.setCount(num);
        return valueIndex;
    }
```

//删除数据：考虑到待删除的数据在原数组中存在多个(注意：如果待删除的数据个数有多个，则需要逐个遍历，逐个执行删除操作)。删除操作后数据要往前移位

```
    public int deleteArray(int value){
        int[] indexValue=this.selectArray(value);
        if (this.getCount()==0) {
            return 0;
        }else{
            for (int i = 0; i < this.getCount(); i++) {
                int delValPos=indexValue[i]-1;
                for (int j = delValPos; j < number-1; j++) {
                    this.array[j]=this.array[j+1];
                }
                this.number -=   1;

                //这里不同于 update：在这里，上面的数据往前面搬迁使得在原先的位序上减 1
了，再加上本身还需要减 1
                if (i+1 <=this.getCount()-1) {
                    indexValue[i+1] -= 1;
                }
            }
            return 1;
        }
    }
```

//修改数据操作：建立在查询的基础上，但不同于删除操作，不需要在前一个数据修改完成之后将位序值大小减 1，因为修改操作不涉及数组移位的过程

```
    public int updateArray(int value,int newValue){
```

```
            int[] indexValue=this.selectArray(value);
            if (this.getCount()==0) {
                return 0;
            }else{
                for (int i = 0; i < this.getCount(); i++) {
                    int delValPos=indexValue[i]-1;
                    this.array[delValPos]=newValue;
                }
                return 1;
            }
        }
    }
}
//创建主类
public class ArrayOperation{
    public static void main(String[] args) {
        int number=10;
        ArrayModel array=new ArrayModel(number);

        //插入一批数据
        array.insertArray(12);
        array.insertArray(34);
        array.insertArray(2);
        array.insertArray(23);
        array.insertArray(5);
        array.insertArray(12);
        array.insertArray(34);

        System.out.println("--插入一批数据后显示数据--");
        array.displayArray();

        //插入一个数据
        int insVal=23;
        array.insertArray(insVal);
        System.out.println("--插入一个数据"+insVal+"后显示数据--");
        array.displayArray();

        //查询数据
        int selVal=2;
        int[] indexValue=array.selectArray(selVal);
```

```
            if (array.getCount()==0) {
                System.out.println("查询不到数据: "+selVal);
        }else{
                System.out.println("数据:"+selVal+"在数组中的位置有: ");
                for (int i = 0; i < array.getCount(); i++) {
                        System.out.println("第"+indexValue[i]+"个");
                }
        }


        //删除数据
        int delVal=2;
        int delRes=array.deleteArray(delVal);
        if (delRes==0) {
                System.out.println("没有这个数据: "+delVal+"  删除失败");
        }else{
                System.out.println("成功删除数据: "+delVal);
        }

        System.out.println("--删除数据后显示数据--");
        array.displayArray();

        //修改数据
        int oldValue=5;
        int newValue=55;
        int updateRes=array.updateArray(oldValue, newValue);
        if (updateRes==0) {
                System.out.println("不存在数据: "+oldValue+"  修改失败");
        }else{
                System.out.println("成功修改数据: "+oldValue+"  为:"+newValue);
        }

        System.out.println("--修改数据后显示数据--");
        array.displayArray();
    }
}
```

　　本程序中涉及的类定义、成员变量定义、构造方法、访问器、方法定义在第 5 章将详细讲解。到时候读者可以重新研读这个程序。

4.5　习　　题

1. 填空题

(1)　M 是一个二维数组，有 4 行 8 列整型元素，正确的定义语句是＿＿＿＿＿。

(2)　整型数组"int a[][] = new int[3][4]"共有＿＿＿＿个元素，行下标的下限值是＿＿＿＿，列下标的上限值是＿＿＿＿。

(3)　Java 中数组下标的数据类型是＿＿＿＿类型。

(4)　数组的元素通过＿＿＿＿来访问，数组 Array 的长度为＿＿＿＿。

(5)　浮点型数组的默认值是＿＿＿。

(6)　下面语句显示输出 8 行 8 列浮点型数组 h 主对角线上的所有元素，请补充完整。

　　for(＿＿＿;＿＿＿;i++)　print (＿＿＿＿＿＿);

(7)　以下程序片段运行的结果是＿＿＿＿。

```
……
        int i,n[]={0,0,0,0,0};
        for(i=1;i<=4;i++)
        {
                n[i]=n[i-1]*2+1;
                System.out.print(""+n[i]);
        }
……
```

(8)　下列程序的功能是＿＿＿＿＿＿。

```
public class Eg8{
    public static void main(String[] srgs) {
            int i,j,t,a[]={11,5,32,7,2};
            for(i=0;i<5;i++)
            {
                    for (j=i;j<5;j++)
                    {
                            if(a[i]>a[j])
                            {
                                    t=a[i];
                                    a[i]=a[j];
                                    a[j]=t;
                            }
                    }
            }
            for(i=0;i<5;i++)
```

```
                    System.out.print(""+a[i]);
            }
    }
```

(9) 下列程序的功能是_____。

```
    public class Eg9{
            public static void main(String[] srgs) {
                    int i,a[]={12,23,34,45,56,67,78,89,90,91};
                    for(i=4;i<a.length;i++)
                            a[i]=a[i+1];
                    for(i=0;i<a.length-1;i++)
                            System.out.print(""+a[i]);
            }
    }
```

(10) 以下程序的功能是从终端读入数据到数组中，统计其中正数的个数，并计算它们的和，并完成这个程序。

```
    import java.util.Scanner;
    public class Eg10{
            public static void main(String[] srgs) {
                    int i, sun,count;
                    Int[] a = new int[20];
                    sum=count=0;
                    Scanner scan = new Scanner(System.in);
                    for(i=0;i<20;i++)    a[i]=_____;
                        fro(i=0;i<20;i++) {
                                if(a[i]>0) {
                                        count++;
                                        sum+= _____;
                                }
                        }
                    System.out.println("正数个数"+count+"个，和为"+sum);
            }
    }
```

2．选择题

(1) 下面正确的初始化语句是(   )。

A. char str[]="hello";   B. char str[100]="hello";

C. char str[]={'h','e','l','l','o'};   D. char str[]={'hello'};

(2) 定义了一维 int 型数组 a[10]后，下面错误的引用是(   )。

A. a[0]=1;   B. a[10]=2;   C. a[0]=5*2;   D. a[1]=a[2]*a[0];

(3) 对以下语句理解正确的是(　　)。

　　int a[]={6,7,8,9,10};

A. 将 5 个初值依次赋给 a[1]至 a[5]

B. 将 5 个初值依次赋给 a[0]至 a[4]

C. 将 5 个初值依次赋给 a[6]至 a[10]

D. 数组长度与初值个数不等，语句不正确

(4) 下面的二维数组初始化语句中，正确的是(　　)。

A. float b[2][2]={0.1,0.2,0.3,0.4};　　　　B. int a[][]={{1,2},{3,4}};

C. int a[2][]= {{1,2},{3,4}};　　　　　　D. float a[2][2]={0};

(5) 定义了 int 型二维数组 a[6][7]后，数组元素 a[3][4]之前的数组元素个数为(　　)。

A. 24　　　　　　　B. 25　　　　　　　C. 18　　　　　　　D. 17

(6) 下面程序的运行结果是(　　)。

```
main(){
    int a[][]={{1,2,3},{4,5,6}};
    System.out.println(a[1][1] +"   ");
}
```

A. 3　　　　　　　B. 4　　　　　　　C. 5　　　　　　　D. 6

(7) 下列是字符串常量的是(　　)。

A. 'HolleWorld'　　B. "15"　　　　　C. VC　　　　　　D. 'm'

(8) 下面程序的运行结果是(　　)。

```
main(){
    int x=30;
    int[] numbers=new int[x];
    x=60;
    System.out.println(numbers.length);
}
```

A. 60　　　　　　　B. 20　　　　　　　C. 30　　　　　　　D. 50

(9) 下面程序的运行结果是(　　)。

```
main(){
    char s1[]="ABCDEF".toCharArray();
    int i=0;
    while(s1[i++]!='\0')
        System.out.println(s1[i++]);
}
```

A. ABCDEF　　　　B. BDF　　　　　C. ABCDE　　　　D. BCDE

(10) 下面不是正确创建数组的语句是(　　)。

A. float f[][]=new float[6][6];　　　　B. float f[]=new float[6];

C. float f[][]=new float[][6];　　　　D. float [][]f=new float[6][];

(11) 下列语句会造成数组 new int[10]越界的是(　　)。

A. a[0]+=9   B. a[9]=10

C. —a[9]   D. for(int i=0;i<=10;i++)　a[i]++

(12) 关于 char 类型的数组，说法正确的是(　　)。

A. 其数组的默认值是'A'   B. 可以仅通过数组名来访问数组

C. 数组不能转换为字符串   D. 可以存储整型数值

3. 编程题

(1) 求一个数组中元素的逆序，如 12345→54321。

(2) 编写一个程序，计算字符串中某个字符出现的次数，如字符串"Be there or be square"中字符 e 出现的次数是 5。

(3) 编写一个程序，读入数目确定的考试分数，并且判断有多少个分数高于或等于平均分，有多少个分数低于平均分，输入一个负数标志输入结束，假设有效成绩是 0～100 的整数。

(4) 输入一个字符串，判断它是否为回文串。所谓回文串是指字符串是对称的，如 madam、pap 等，而 student、China 等则不是。

(5) 杨辉三角形形式如下：

```
1
1  1
1  2  1
1  3  3  1
1  4  6  4  1
1  5  10  10  5  1
……
```

编程输出杨辉三角形的前 8 行。

第二部分

Java 面向对象编程篇

第 5 章　学　生　类

单元概述

本单元以项目为向导，介绍 Java 语言中关于类的语法规则。在本单元中，读者应该理解面向对象的程序设计思想，掌握类的设计、对象的创建、类的封装、构造方法的定义及其重载、this 和 static 关键字的使用。

目的与要求

- 了解面向对象程序设计的概念和思想
- 掌握类的定义、理解类和对象的关系
- 理解封装的概念及意义
- 掌握创建和使用对象的方法
- 理解并掌握构造方法的定义和作用
- 理解方法重载的概念及其使用规则
- 掌握 this 和 static 关键字的用法

重点与难点

- 类的定义
- 对象的创建和使用
- 类的封装
- 构造方法的定义和重载的规则
- this 和 static 关键字的使用。

5.1　项　目　任　务

采用面向对象设计的思想声明一个描述学生成绩管理系统特征的学生类，通过该学生类能够最终实现学生的成绩管理功能。

5.2　项　目　解　析

根据项目任务描述的项目功能需求，本项目需要定义一个学生类，具体包含如下内容：该类中定义表示学生信息的属性；定义学生类的构造方法，用以给学生信息赋值；定义实现设置和获取学生信息的方法(访问器)。

定义一个学生类要解决如下问题:

(1) 如何使用 Java 语言定义一个学生类?属性和方法的定义格式是什么?

(2) 什么是构造方法?如何使用构造方法为学生信息属性赋值?

(3) 如何声明并实例化学生类对象?如何通过学生类的对象调用属性和方法?

5.3 技 术 准 备

现实生活中存在各种形态不同的事物,如桌子、笔记本、花、草、树木,乃至我们自己都是具体的事物,这些事物之间存在着各种各样的联系。在程序中使用对象来映射现实中的事物,使用对象的关系来描述事物之间的联系,这就是面向对象的思想。

面向对象的编程思想力图在程序中对事物的描述与该事物在现实中的形态保持一致。为了做到这一点,面向对象的编程思想提出了类和对象两个概念。类是对某一类事物的抽象描述,而对象用于表示现实中该类事物的个体。如在校的同学在作为学生这点上有一些共同特点,都有学号、姓名、成绩等,但这些相同的特点在具体表现上又有所不同,因此学生类是所有学生的抽象描述,张三或是李四就是学生的个体。

在面向对象的思想中最核心的就是对象,为了在程序中创建对象,首先需要定义一个类。类是对象的抽象,它用于描述一组对象的共同特征和行为。

5.3.1 类的定义

(1) 示例代码。

例 5-1 定义 Teacher 类。

```java
public class Teacher {
    //定义属性
    String name;        //定义姓名属性
    int age;            //定义年龄属性

    //定义 teach()方法
    public void teach(){
        System.out.println("我是" + name + "老师,大家好");
    }
}
```

其中,Teacher 是类名,name、age 是成员变量,teach()是成员方法。在成员方法 teach()中可以直接访问成员变量 name。

(2) 代码分析。

类中可以定义成员变量和成员方法,如例 5-1 的 Teacher 类中定义了两个成员变量:String 类型的 name 和 int 类型的 age,其中成员变量用于描述对象的特征,也被称为属性。Teacher 类中定义了一个返回值为 void 的 teach()方法,称为成员方法,成员方法用于描述对象的行为，可简称方法。

(3) 知识点。

类定义的格式：

[修饰符] class 类名{

    [修饰符] 类属性定义

    [修饰符] 类方法定义

}

注意：在 Java 中定义在类体内、方法外的变量称为成员变量，也称为类的属性。定义在方法中的变量称为局部变量。如果在某一个方法中定义的局部变量和成员变量同名，这种情况是允许的，此时方法中通过变量名访问到的变量是局部变量而非成员变量。

```java
public class Teacher1{
    //定义属性
    String name;        //定义姓名属性
    int age;            //定义年龄属性


    //定义 teach()方法
    public void teach(){
        String name = "李四";
        System.out.println("我是" + name + "老师，大家好");
    }

}
```

其中，teach()方法定义了一个和成员变量同名的 name 变量；System.out.println()方法访问了变量 name，此时的 name 是局部变量，也就意味着这时 name 的值是"李四"，而不是成员变量所赋值的"张三"。

5.3.2　对象的创建与使用

应用程序想要完成具体的功能，仅有类是远远不够的，还需要根据类创建实例对象。

(1) 示例代码。

例 5-2　Eg5_1.java。

```java
public class Eg5_1 {
    public static void main(String[] args) {
        Teacher    t1 = new Teacher();        //创建第一个 Teacher 对象 t1
        Teacher    t2 = new Teacher();        //创建第二个 Teacher 对象 t2
        t1.name = "Lucy";                     //为 t1 对象的 name 属性赋值
        t1.teach();                           //t1 调用对象的 teach()方法
        t2.teach();                           //t2 调用对象的 teach()方法

    }

}
```

运行结果如图 5-1 所示。

我是Lucy老师，大家好
我是null老师，大家好

图 5-1　例 5-2 运行结果

(2) 代码分析。

```
Teacher    t = new Teacher();
```

其中，"new Teacher ()"用于创建 Teacher 类的一个实例对象；"Teacher t"则是声明了一个
Teacher类型的变量t(对象);中间的等号用于将Teacher
对象在内存中的地址赋值给变量t，这样变量 t 便持有
了对象的引用。在内存中，变量 t 和对象之间的引用
关系如图 5-2 所示。

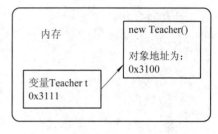

图 5-2　内存分析

例 5-2 中，t1、t2 分别引用了 Teacher 类的两个实
例对象，从运行结果图 5-1 可以看出，t1 和 t2 对象在
调用 teach()方法时，输出的 name 值完全不同，这是
因为 t1 和 t2 对象是两个独立的个体，它们分别拥有各
自的 name 属性，对 t1 对象的 name 属性赋值并不会影响到 t2 对象 name 属性的值。

(3) 知识点。

在 Java 程序中可以使用 new 关键字来创建对象，具体格式如下：

　　类名　对象名称　= new　类名();

如例 5-2 所示"Teacher t1 = new Teacher();"。

创建 Teacher 对象后，可以通过对象的引用来访问对象所有的成员，具体格式如下：

　　对象引用.对象成员

如例 5-2 所示"t1.name = "Lucy";"。

注意：在例 5-2 中，通过"t1.name = "Lucy";"将 t1 对象的 name 属性值赋值为"Lucy"，
但并没有对 t2 对象的 name 属性进行赋值，也就是说 t2 对象的 name 属性值应该没有值。
但是从运行结果可以看出，t2 对象的 name 属性也是有值的，其值为 null。这是因为当一个
对象被创建时，Java 虚拟机会对其中各种类型的成员变量自动进行初始化赋值。基本数据
类型初始化值为 0，引用数据类型初始化值为 null，具体如表 5-1 所示。

表 5-1　成员变量初始化值

成员变量类型	初始值
byte	0
short	0
int	0
long	0L
float	0.0F
double	0.0D
char	'\u0000'(表示为空)
boolean	false
All reference type	null

5.3.3 构造方法

从前面所学到的知识可以发现，实例化一个类的对象后，如果要为这个对象中的属性赋值，就必须要通过直接访问对象的属性或调用 setXXX() 方法的方式来实现。如果需要在实例化对象的同时就为这个对象的属性进行赋值，可以通过构造方法来实现。构造方法是类的一个特殊的方法，它会在类的实例化对象时被自动调用。

(1) 示例代码。

例 5-3　Eg5_2.java。

```java
class Student{
    //定义无参构造方法
    Student(){
    System.out.println("无参构造方法执行");
    }
}
public class Eg5_2{
    public static void main(String[] args) {
        Student stu1 = new Student();          //创建学生对象

    }
}
```

运行结果如图 5-3 所示。

```
无参的构造方法执行！
```

图 5-3　例 5-3 运行结果

(2) 代码分析。

在例 5-3 的 Student 类中定义了一个无参的构造方法 Student()。从运行结果可以看出，Student 类中无参的构造方法被调用了。这是因为 "Student stu1 = new Student()" 这句代码在实例化 Student 对象时会自动调用类的构造方法，"new Student()" 语句的作用除了会实例化 Student 对象外，还会调用构造方法 Student()。

在一个类中除了定义无参的构造方法，还可以定义有参的构造方法，通过有参的构造方法就可以实现对属性的赋值。接下来对例 5-3 进行改写，改写后的代码如例 5-4 所示。

例 5-4　Eg5_3.java。

```java
class Student{
    String num;

    //有参的构造方法
    Student (String s){
        num = s;
```

```
        }

        public void info(){
            System.out.println("我的学号是" + num);
        }
    }

    public class Eg5_3 {
        public static void main(String[] args) {
            Student s = new Student("1001");        //实例化 Student 对象 s
            s.info();
        }
    }
```

运行结果如图 5-4 所示。

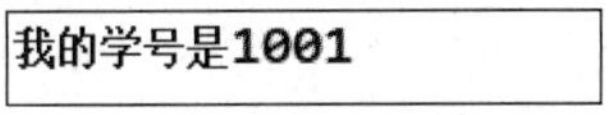

我的学号是1001

图 5-4　例 5-4 运行结果

例 5-4 的 Student 类中定义了有参的构造方法 Student(String s)。"Student s = new Student("1001")"代码中的"new Student("1001")"会在实例化对象的同时调用有参的构造方法，并传入参数"1001"。在构造方法 Student(String s)中将"1001"赋值给对象的 num 属性。通过运行结果可以看出，Student 对象在调用 info()方法时，其 num 属性已经被赋值为"1001"。

(3) 知识点。

在一个类中定义的方法如果同时满足以下三个条件，该方法称为构造方法。

① 函数的名称与类相同。

② 没有返回值类型声明。

③ 不能在方法中使用 return 语句返回一个值。

构造方法定义的语法格式如下：

　　[访问控制修饰符] 类名([形参列表]){
　　　　方法体；
　　}

注意：没有返回值类型声明不等同于"void"。void 也是一种返回值类型声明，那就是没有返回值。

5.3.4　构造方法的重载

在一个类中可以定义多个构造方法，只要每个构造方法的参数列表(参数类型、参数个数和参数顺序)不同即可。在创建对象时，可以通过调用不同的构造方法为不同的属性赋值。接下来通过一个案例来学习构造方法的重载。

(1) 示例代码。

例 5-5　Eg5-4.java。

```java
class Student{
    String num;
    String name;
    int age;
    //定义带一个参数的构造方法
    Student(String cnum){
        num = cnum;
    }
    //定义带两个参数的构造方法
    Student(String cname,int cage){
        name = cname;
        age = cage;
    }
    //定义带三个参数的构造方法
    Student(String cnum,String cname,int cage){
        num = cnum;
        name =cname;
        age = cage;
    }
    public void info(){
        System.out.println("我叫" + name + " 学号是" + num + " 今年" + age + "岁!");
    }
}


public class Eg5_4 {
    public static void main(String[] args) {
        //分别创建了 Student 类的三个实例对象 s1,s2,s3
        Student    s1 = new Student("1001");
        Student    s2 = new Student("张三",20);
        Student    s3 = new Student("1001","李四",19);
        //三个实例对象分别调用各自的 info()方法
        s1.info();
        s2.info();
        s3.info();
    }
}
```

运行结果如图 5-5 所示。

我叫null 学号是1001 今年0岁！
我叫张三 学号是null 今年20岁！
我叫李四 学号是1001 今年19岁！

图 5-5 例 5-5 运行结果

(2) 代码分析。

例 5-5 的 Student 类中定义了三个构造方法，它们构成了方法的重载。在创建 s1、s2 和 s3 对象时，根据传入参数的不同，分别调用不同的构造方法。从程序的运行结果可以看出，三个构造方法对属性赋值的情况是不一样的，其中带一个参数的构造方法只针对 num 属性进行赋值，这时 name 属性的值默认为 null，age 属性的值为默认值 0。

(3) 知识点。

在一个类中可以定义多个构造方法，这些方法的参数列表有所不同，形成方法的重载。

注意： 每一个类都至少有一个构造方法，如果在定义类时，没有显式地声明任何构造方法，系统会自动为这个类创建一个无参的构造方法，里面没有任何代码。

在定义构造方法时，如果没有特殊需要，都应该使用 public 关键字修饰。

5.3.5 this 关键字

在例 5-5 中使用变量表示年龄时，构造方法中使用的是 cage，成员变量使用的是 age。这样的程序可读性很差，这时需要将一个类中表示年龄的变量进行统一的命名，例如都声明为 age。但是这样做又会导致成员变量和局部变量的名称冲突，在方法中将无法访问成员变量 age。为了解决这个问题，Java 提供了一个关键字 this，用于在方法中访问对象的其他成员。

1．用 this 关键字访问成员属性

(1) 示例代码。

例 5-6 修改例 5-5 中的形参名称，让其与成员变量同名。

```
//将形参 cnum 改为 num
Student1(String num){
        this.num = num;              //将形参 num 赋值给成员变量 num
}
//将形参 cname 改为 name，cage 改为 age
Student1(String name,int age){
    this.name = name;             //将形参 name 赋值给成员变量 name
    this.age = age;               //将形参 age 赋值给成员变量 age
}

Student1(String num,String name,int age){
    this.num = num;
    this.name =name;
    this.age = age;
```

```
    }
```

(2) 代码分析。

① 通过 this 关键字可以明确地去访问一个类的成员变量,解决与局部变量名称冲突问题。

在上面的代码中,构造方法的参数被定义为 num、name、age,它是一个局部变量,在类中还定义了同名的成员变量是 num、name、age。在构造方法中如果使用 num、name、age,则是访问局部变量,但如果使用 this.num、this.name、this.age,则是访问成员变量。

② 通过 this 关键字调用成员方法,具体示例代码如下:

```
class Student{
    public void study(){

        …

    }
    public void info(){

        this.study();

    }
}
```

在上面的 info()方法中,使用 this 关键字调用 study()方法。注意:此处的 this 关键词可以省略不写,也就是说上面的代码写成 "this.study()" 和 "study()",效果是完全一样的。

2. 用 this 调用成员属性和方法

(1) 示例代码。

例 5-7 Eg5_5.java。

```
class Student {
    String name;
    public Student() {
        System.out.println("无参的构造方法执行");
    }
    public Student(String name) {
        this();                                //调用无参的构造方法
        System.out.println("有参的构造方法执行");
    }
}
public class Eg5_5 {
    public static void main(String[] args) {
        Student    s = new Student("张三");      //实例化 Student 对象
    }
}
```

运行结果如图 5-6 所示。

```
无参的构造方法执行
有参的构造方法执行
```

图 5-6 例 5-7 运行结果

(2) 代码分析。

构造方法是在实例化对象时被 Java 虚拟机自动调用的，在程序中不能像调用其他方法一样去调用构造方法，但可以在一个构造方法中使用 "this([参数 1，参数 2……])" 的形式来调用其他的构造方法。

例 5-7 中 "Student   s = new Student("张三")" 代码在实例化 Student 对象时调用了有参的构造方法，在该方法中通过 this() 方法调用了无参的构造方法，因此运行结果中显示两个构造方法都被调用了。

(3) 知识点。

① 只能在构造方法中使用 this 调用其他的构造方法，不能在成员方法中使用。

② 在构造方法中，使用 this 调用构造方法的语句必须位于第一行，且只能出现一次。

③ 不能在一个类的两个构造方法中使用 this 互相调用。

5.3.6 static 关键字

在 Java 中定义了一个 static 关键字，它用于修饰类的成员，如成员变量、成员方法以及代码块等。被 static 修饰的成员具备一些特殊性，接下来将对这些特殊性进行逐一讲解。

1. 静态变量

(1) 示例代码。

例 5-8 Eg5_6.java。

```java
class Student {
        static String DName;                        //定义静态变量 DName
}
public class Eg5_6{
        public static void main(String[] args) {
                Student stu1 = new Student();          //创建学生对象
                Student stu2 = new Student();
                Student.DName = "计算机";             //为静态变量赋值
                System.out.println("我的专业是" + stu1.DName);
                System.out.println("我的专业是" + stu2.DName);
        }
}
```

运行结果如图 5-7 所示。

```
我的专业是计算机
我的专业是计算机
```

图 5-7 例 5-8 运行结果

(2) 代码分析。

在定义一个类时，只是在描述某类事物的特征和行为，并没有产生具体的数据。只有通过 new 关键字创建该类的实例对象后，系统才会为每个对象分配空间并存储各自的数据。有时候，我们希望某些特定的数据在内存中只有一份，而且能够被一个类的所有实例对象所共享。例如，某个学校的某个专业的所有学生共享同一个系部名称，此时完全不必在每个学生对象所占用的内存空间中都定义一个变量来表示系部的名称，而可以在对象以外的空间定义一个表示系部名称的变量让所有对象来共享。

Student 类中定义了一个静态变量 DName，用于表示学生所在的系部名称，它被所有的实例所共享。由于 DName 是静态变量，因此可以直接使用 Student.DName 的方式进行调用，也可以通过 Student 的实例对象进行调用，如 "Student.DName = "计算机";" 代码将变量 DName 赋值为 "计算机"，通过运行结果可以看出学生对象 stu1 和 stu2 的 DName 属性均为 "计算机"。

(3) 知识点。

在一个 java 类中，可以使用 static 关键字来修饰成员变量，该变量被称为静态变量。静态变量被所有实例共享，可以使用 "类名，变量名" 的形式来访问。

静态变量在类加载的时候就完成了初始化，它可以被所有实例所共享。

注意：static 关键字只能用于修饰成员变量，不能用于修饰局部变量。

2. 静态方法

(1) 示例代码。

例 5-9 Eg5_7.java。

```java
class Student {
    public static void study() {          //定义静态方法
        System.out.println("好好学习，天天向上");
    }
}
class Eg5_7 {
    public static void main(String[] args) {
        Student.study();                  //调用静态方法
    }
}
```

运行结果如图 5-8 所示。

好好学习，天天向上

图 5-8 例 5-9 运行结果

(2) 代码分析。

例 5-9 的 Student 类中定义了静态方法 study()，通过 "Student.study()" 的形式调用了静态方法，由此可见，静态方法不需要创建对象就可以由类直接调用。

(3) 知识点。

不实例化类对象的情况下就可以调用某个方法，换句话说，也就是使该方法不必和对象绑在一起。要实现这样的效果，只需要在类中定义的方法前加上 static 关键字即可，我们称这种方法为静态方法。同静态变量一样，静态方法可以使用"类名.方法名"的方式来访问，也可以通过类的实例化对象来访问。

注意：静态方法内部不能直接访问外部非静态的成员。在静态方法内部，只能通过创建该类的对象来访问外部的非 static 的方法。在静态方法中，不能使用 this 关键字。

3. 静态代码块

(1) 示例代码。

例 5-10 Eg5_8.java。

```
class Student {
    static String School;
    //静态代码块
    static {
        School = "西航院";
        System.out.println("执行 Student 类中的静态代码块");
    }
}
class Eg5_8 {
    //静态代码块
    static {
        System.out.println("执行 Eg5_8 类的静态代码块");
    }
    public static void main(String[] args) {
        //实例化两个 Student 对象
        Student s1 = new Student();
        Student s2 = new Student();
    }
}
```

运行结果如图 5-9 所示。

```
执行Eg5_8类的静态代码块
执行Student类中的静态代码块
```

图 5-9 例 5-10 运行结果

(2) 代码分析。

从图 5-9 所示的运行结果可以看出，程序中的两段静态代码块都被执行了。虚拟机首先加载类 Eg5_8，在加载类的同时就会执行该类的静态代码块。紧接着会调用 main()方法，在该方法中创建了两个 Student 对象。但在两次实例化对象的过程中，静态代码块只执行一次，这就说明类在第一次使用时才会被加载，并且只会加载一次。

(3) 知识点。

在 java 类中，使用一对大括号包围起来的若干行代码被称为一个代码块，用 static 关键字修饰的代码块称为静态代码块。当类被加载时，静态代码块会执行，由于类只加载一次，因此静态代码块只执行一次。在程序中，通常会使用静态代码块来对类的成员变量进行初始化。

5.4 项 目 学 做

按以下步骤完成学生类的创建，包括成员属性、静态属性、构造方法、成员方法以及私有属性的 getter、setter 访问方法。

(1) 定义学生类，有学生 ID、姓名、密码、性别、年龄、系部属性，学校名称为公共属性，定义为静态属性。

```java
public class Student {

        //定义 Student 类的属性
        private String stuNo;              //学生 ID 号，唯一标识一个学生对象
        private String name;               //学生姓名
        private String password;           //密码
        private String gender;             //性别
        private int age;                   //年龄
        private String dept;               //系部

        //定义静态属性
        static String school = "西航院";    //学校名称

}
```

(2) 定义构造方法，为 Student 类的属性赋值。

```java
//构造方法中的形参和成员变量同名，使用 this 关键字为成员变量赋值
public Student(String stuNo, String name, String password, String gender,int age, String dept) {
        this.stuNo = stuNo;
        this.name = name;
        this.password = password;
        this.gender = gender;
        this.age = age;
        this.dept = dept;
}
```

(3) 定义 getter 和 setter 方法，实现对成员变量值的获取和设置功能。

```java
public String getStuNo() {              //获取学生 ID 值
```

```
        returnstuNo;
    }
    public void setStuNo(String stuNo) {      //设置学生 ID 值
        this.stuNo = stuNo;
    }
    ……
```

(4) 定义 toString()方法，将对象在内存中的内容转换为字符串输出。

```
//将内存中的哈希值转为字符串输出
@Override
public String toString() {
    return"Student [stuNo=" + stuNo + ", name=" + name + ", password="
        + password + ", gender=" + gender + ", age=" + age + ", dept="
        + dept + "]";
}
```

(5) 定义一个包含主方法的测试类，在 main()方法中声明并实例化两个 Student 类的对象，输出学生信息。

```
public class Eg5_9 {
    public static void main(String[] args) {
        //实例化两个 Student 对象
        Student s1 = new Student("1001","张三","123","male",20,"计算机");
        Student s2 = new Student("1002","李思","123456","female",18,"会计");
        String info1 = s1.toString();  //调用 toString 方法获取 s1 对象的信息
        String info2 = s2.toString();  //调用 toString 方法获取 s2 对象的信息
        System.out.println(Student.school + "" + info1);
        System.out.println(s1.school + "" + info2);      }
}
```

运行结果如图 5-10 所示。

```
西航院 Student [stuNo=1001, name=张三, password=123, gender=male, age=20, dept=计算机]
西航院 Student [stuNo=1002, name=李思, password=123456, gender=female, age=18, dept=会计]
```

图 5-10　Eg5_9.java 运行结果

在这个项目中我们定义了两个类：一个是学生类 Student，另一个是测试类 Eg5_9，如果这两个类放在一个源文件中，那么只能有一个类被 public 修饰。通常这个类是 main()方法所在的类。

5.5　强 化 训 练

定义一个用户类，有用户 ID、姓名、密码等属性，还有判定密码一致的方法。定义一个测试类测试用户信息和密码的一致性。

5.6 习　　题

1．填空题

(1) 在类中定义的构造方法是为类提供的专用方法，在类被执行时，构造方法首先引用。因此，在类中定义构造方法主要是为了_____。

(2) 类是一组具有相同_____和_____的对象的抽象。_____是由某个特定的类所描述的一个个具体的对象。

(3) 构造方法的方法名与_____相同，若类中没有定义任何的构造方法，则运行时系统会自动为该类生成一个_____方法。

(4) 在 Java 中可以使用关键字_____来创建类的实例对象。

(5) 定义在类中的变量被称为_____，定义在方法中的变量被称为_____。

2．选择题

(1) 对于构造方法，下列说法不正确的是(　　)。

A. 构造方法是类的一种特殊方法，它的方法名必须与类名相同

B. 构造方法的返回类型只能是 void 型

C. 构造方法的主要作用是完成对类的对象的初始化工作

D. 一般创建新对象时，系统会自动调用构造方法

(2) 如果要定义一个类变量或类方法，应该使用(　　)修饰符。

A. package　　　　B. private　　　　C. public　　　　D. static

(3) Point 类的定义为(　　)。

```
class Point{
    private int x , y ;
    public Point (int x , int y){
        this.x=x;
        this.y=y;
    }
}
```

其中的 this 代表(　　)。

A. 类名 Point　　　　　　　　B. 父类的对象

C. Point 类的当前对象　　　　　D. this 指针

(4) 下面关于类方法的描述，错误的是(　　)。

A．说明类方法使用关键字 static

B．类方法和实例方法一样均占用对象的内存空间，类方法在不实例化的时候是不占用内存空间的

C．类方法能用实例和类名调用

D．类方法只能处理类变量或调用类方法

(5) 给定代码如下：

```
public class Test{
    public Test(int x,int y){
    }
}
```

下列选项中，(　　)是 Test 类中定义成重载的构造方法。

A．int Test(){ }

B．Test(){ }

C．Object Test(int x,int y,int z){ }

D．Void Test(String x,String y,String z){ }

3．编程题

(1) 使用 class 关键字定义一个表示学生类型的类，类名为 Student。在 Student 类中定义两个成员变量 name 和 age，分别用来表示姓名和年龄。其中，name 的数据类型为 String，age 的数据类型为 int。

(2) 编写一个类，类中定义一个静态方法，用于求两个整数的和。请按照以下要求设计一个测试类 Demo，并进行测试。

要求如下：

① Demo 类中有一个静态方法 get(int a,int b)，该方法用户返回参数 a、b 两个整数的和；

② 在 main()方法中调用 get 方法并输出计算结果。

(3) 编写程序，设计圆类 Circle，要求如下：

① Circle 的成员变量：radius 标识圆的半径。

② Circle 类的方法成员：Circle(double r)构造方法，创建 Circle 对象时将半径初始化为 r；double getArea()获得圆的面积。

第 6 章　用 户 管 理

单元概述

　　本单元以项目为向导，对继承和多态等知识进行详细讲解。在本单元中，理解面向对象的继承和多态的概念，掌握类的继承、方法重写、super 关键字、final 关键字、抽象类和接口以及多态。

目的与要求

- 掌握类的继承的概念、子类定义的方法
- 掌握抽象类和抽象方法的定义和作用
- 了解接口的定义和作用
- 掌握方法的重写及多态的概念
- 掌握 super、final 关键字的用法
- 了解包的声明、功能及使用特点

重点与难点

- 类的继承
- final 关键字
- 多态
- 抽象类和接口
- 包的定义和使用

6.1　项 目 任 务

　　该项目要编写一个用户管理系统，实现基于学生成绩系统中的功能。系统中的用户包括学生、教师和教务管理人员。这三类用户根据不同身份级别登录成绩管理系统。

6.2　项 目 解 析

1. 项目完成思路

　　根据题目描述，发现学生、教师、管理员中有共同的信息和方法，但是这三者处理方式又有不同。

(1) 抽取三者共有的信息和行为，实现代码的重用。

(2) 从共有行为中派生出不同的用户，实现不同用户登录系统进行不同的访问操作。

2. 需解决的问题

(1) 如何实现共有的信息和行为？

(2) 如何派生出不同的用户？如何实现让不同用户输出不同结果？

6.3 技 术 准 备

6.3.1 继承定义

继承描述的是事物之间的所属关系，通过继承可以使多种事物之间形成一种关系体系。在 Java 中，类的继承是指在一个现有的类的基础上去构建一个新的类，构建出来的新类被称为子类，现有类被称为父类。子类会自动拥有父类所有可继承的属性和方法。在程序中，如果想声明一个类继承另外一个类，需要使用 extends 关键字。接下来通过一个案例来学习子类是如何继承父类的。

(1) 示例代码。

例 6-1 Eg6_1.java。

```java
//定义 Person 类
class Person {
    String name;
    void sport(){
        System.out.println("生命在于运动");
    }
}
//定义 Male 类继承 Person 类
class Male extends Person{
    void introduce(){
        System.out.println("大家好，我的名字是" + name);
    }
}
//定义测试类
public class Eg6_1 {
    public static void main(String[] args) {
        //实例化一个 Male 对象
        Male male = new Male();
        //为 Male 类的 name 属性赋值
        male.name = "张三";
```

```
        //调用 Male 类的 introduce()方法
        male.introduce();
        //调用继承的 Person 类的 sport()方法
        male.sport();
    }
}
```

运行结果如图 6-1 所示。

```
大家好，我的名字是张三
生命在于运动
```

图 6-1 例 6-1 运行结果

（2）代码分析。

在例 6-1 中，Male 类通过 extends 关键字继承了 Person 类，这样 Male 类便是 Person 类的子类。从运行结果不难看出，子类虽然没有定义 name 属性和 sport()方法，但是却能访问这两个成员。这就说明，子类在继承父类的时候，会自动拥有父类所有的成员。

（3）知识点。

类继承的语法结构如下：

```
    [修饰符] class  子类名  extends  父类名{
        类体定义
    }
```

注意：在 Java 中，类的继承需要注意以下问题：

① 类只支持单继承，不允许多重继承，也就是说一个类只能有一个直接父类。例如下面这种情况是不合法的：

```
class A{ }
class B{ }
class C extends A,B{ }    //C 类不可以同时继承 A 类和 B 类
```

② 多个类可以继承一个父类。例如下面这种情况是允许的。

```
class A{ }
class B extends A{ }
class C extends A{ }    //类 B 和类 C 都可以继承类 A
```

③ 多层继承是可以的，即一个类的父类可以再去继承另外一个类的父类，例如 C 类继承自 B 类，而 B 类又可以去继承 A 类，这时，C 类也可以称为 A 类的子类。

④ 子类和父类是一种相对概念，也就是说一个类是某个类的父类的同时，也可以是另一个类的子类。例如在上面的示例中，B 类是 A 类的子类，同时又是 C 类的父类。

6.3.2 重写父类方法

在继承关系中，子类会自动继承父类中定义的方法，但有时在子类中需要对继承的方法进行一些修改，即对父类的方法进行重写。

（1）示例代码。

例 6-2　Eg6_2.java。

```java
//定义 Person 类
class Person {
    String name;
    //定义运行方法
    void sport(){
        System.out.println("生命在于运动");
    }
}
//定义 Male 类继承 Person 类
class Male extends Person{
    //重写 Person 类中的 sport()方法
    void sport(){
        System.out.println("跑步，游泳...生命在于运动！");
    }
}
//定义测试类
public class Eg6_2 {
    public static void main(String[] args) {
        //实例化一个 Male 对象
        Male male = new Male();
        //为 Male 类的 name 属性赋值
        male.name = "张三";
        //调用重写的 sport()方法
        male.sport();
    }
}
```

运行结果如图 6-2 所示。

跑步，游泳...生命在于运动！

图 6-2　例 6-2 运行结果

(2) 代码分析。

Male 类从 Person 类中继承了 sport()方法，该方法在被调用时会打印"生命在于运动"，这明显不能描述一种具体运动方式。Male 类对象表示男性，有具体的运动内容。为了解决这个问题，在子类 Male 中定义了一个 sport()方法对父类 Person 的方法进行重写。从运行结果可以看出，在调用 Male 类的对象 sport()方法时，只会调用子类重写的该方法，并不会调用父类的 sport()方法。

(3) 知识点。

方法的重写指的是子类中重写了与父类中方法声明完全相同的方法，只是方法体不同，是对父类功能的扩展。类的继承，既又继承又有发展。

6.3.3 super 关键字

从例 6-2 的运行结果可以看出，当子类重写父类的方法后，子类对象将无法访问父类被重写的方法。为解决这个问题，在 Java 中专门提供了一个 super 关键字用于访问父类的成员。例如访问父类的成员变量、成员方法和构造方法。接下来分两种情况来学习一下 super 关键字的具体方法。

1. 使用 super 关键字调用父类的成员变量和成员方法

(1) 示例代码。

例 6-3　Eg6_3.java。

```java
//定义 Person 类
class Person {
    String name = "人类";
    //定义歌唱的方法
    void sing() {
        System.out.println("人在歌唱");
    }
}
//定义 Male 类继承 Person 类
class Male extends Person {
    String name = "男人";
    //重写父类的 sing()方法
    void sing() {
        super.sing();                    //访问父类的成员方法
    }
    //定义打印 name 的方法
    void introduce() {
        System.out.println("name=" + super.name);    //访问父类的成员变量
    }
}
//定义测试类
public class Eg6_3{
    public static void main(String[] args) {
        Male male = new Male();        //创建一个 Male 对象
        male.sing();                   //调用 male 对象重写的 sing()方法
        male.introduce();              //调用 male 对象的 introduce()方法
    }
}
```

运行结果如图 6-3 所示。

```
人在歌唱
name=人类
```

图 6-3 例 6-3 运行结果

(2) 代码分析。

在例 6-3 中定义了一个 Male 类继承 Person 类，并重写了 Person 类的 sing()方法。在子类 Male 的 sing()方法中使用"super.sing()"调用了父类被重写的方法，在 introduce()方法中使用"super.name"访问父类的成员变量，super 关键字可以成功地访问父类成员变量和成员方法。

(3) 知识点。

使用 super 关键字调用父类的成员变量和成员方法，具体格式如下：

　　super.成员变量

　　super.成员方法({参数 1，参数 2…})

2. 使用 super 关键字调用父类的构造方法

1) 有参的构造方法

(1) 示例代码。

例 6-4　Eg6_4.java。

```java
//定义 Person 类
class Person {
    //定义 Person 类有参的构造方法
    public Person(String name) {
        System.out.println("我是名叫" + name + "的人。");
    }
}
//定义 Male 类继承 Person 类
class Male extends Person {
    public Male() {
        super("张三");               //调用父类有参的构造方法
    }
}
//定义测试类
public class Eg6_4 {
    public static void main(String[] args) {
        Male male = new Male();       //实例化子类 Male 对象
    }
}
```

运行结果如图 6-4 所示。

我是名叫张三的人。

图 6-4　例 6-4 运行结果

(2) 代码分析。

根据前面学习的知识，例 6-4 在实例化 Male 对象时一定会调用 Male 类的构造方法。从运行结果可以看出，Male 类的构造方法被调用时父类的构造方法也被调用了。

(3) 知识点。

使用 super 关键字调用父类的构造方法。具体格式如下：

　　　　super({参数 1，参数 2···});

注意：通过 super 调用父类构造方法的代码必须位于子类构造方法的第一行，并且只能出现一次。

2) 无参的构造方法

在子类的构造方法中一定会调用父类的某个构造方法。这时可以在子类的构造方法中通过 super 指定调用父类的哪个构造方法，如果没有指定，在实例化子类对象时，会自动调用无参的构造方法。可以在子类中显式地调用父类中已有的构造方法，当然也可以选择在父类中定义无参的构造方法。

(1) 示例代码。

例 6-5　Eg6_5.java。

```java
//定义 Person 类
class Person {
    //定义 Person 无参的构造方法
    public Person() {
        System.out.println("我是一个人");
    }
    //定义 Person 有参的构造方法
    public Person(String name) {
        System.out.println("我是名叫" + name + "的人。");
    }
}
//定义 Male 类，继承自 Person 类
class Male extends Person {
    //定义 Male 类无参的构造方法
    public Male() {
        //方法体为空
    }
}
//定义测试类
public class Eg6_5 {
    public static void main(String[] args) {
```

```
        Male male = new Male(); //创建 Male 类的实例对象
    }
}
```

运行结果如图 6-5 所示。

我是一个人

图 6-5 例 6-5 运行结果

注意：子类在实例化时默认调用了父类无参数的构造方法。在定义一个类的时候，如果没有特殊需求，尽量在类中定义一个无参数的构造方法，避免被继承时出现错误。

6.3.4 final 关键字

final 关键字可用于修饰类、变量和方法，它有"这是无法改变的"或者"最终"的含义。

1. final 关键字修饰类

(1) 示例代码。

例 6-6 Eg6_6.java。

```
//使用 final 关键字修饰 Person 类
final class Person {
    //方法体为空
}
//Male 类继承 Person 类
class Male extends Person {
    //方法体为空
}
//定义测试类
class Eg6_6 {
    public static void main(String[] args) {
        Male male = new Male(); //创建 Male 类的实例对象
    }
}
```

运行结果如图 6-6 所示。

```
Exception in thread "main" java.lang.Error: Unresolved compilation problem:
    The type Male cannot subclass the final class Person

    at com.cyx.cn.Male.<init>(Eg6_6.java:8)
    at com.cyx.cn.Eg6_6.main(Eg6_6.java:14)
```

图 6-6 例 6-6 运行结果

(2) 代码分析。

在例 6-6 中，由于 Person 类被关键字 final 所修饰，因此，当 Male 类继承 Person 类时，编译出现了"无法从最终类 Person 进行继承"的错误。由此可见，被 final 关键字修饰的类为最终类，不能被其他类继承。

(3) 知识点。

final 修饰的类不能被继承。

2. final 关键字修饰方法

(1) 示例代码。

例 6-7 Eg6_7.java。

```java
//定义 Person 类
class Person {
    //使用 final 关键字修饰 sing()方法
    public final void sing() {
        System.out.println("人在唱歌");
    }
}
//定义 Male 类继承 Person 类
class Male extends Person {
    //重写 Person 类的 sing()方法
    public void sing() {
        System.out.println("男人在深沉唱歌");
    }
}
//定义测试类
class Eg6_7 {
    public static void main(String[] args) {
        Male Male=new Male(); //创建 Male 类的实例对象
    }
}
```

运行结果如图 6-7 所示。

```
Exception in thread "main" java.lang.VerifyError: class com.cyx.cn.Male overrides final method sing.()V
        at java.lang.ClassLoader.defineClass1(Native Method)
        at java.lang.ClassLoader.defineClass(ClassLoader.java:621)
        at java.security.SecureClassLoader.defineClass(SecureClassLoader.java:124)
        at java.net.URLClassLoader.defineClass(URLClassLoader.java:260)
        at java.net.URLClassLoader.access$000(URLClassLoader.java:56)
        at java.net.URLClassLoader$1.run(URLClassLoader.java:195)
        at java.security.AccessController.doPrivileged(Native Method)
        at java.net.URLClassLoader.findClass(URLClassLoader.java:188)
        at java.lang.ClassLoader.loadClass(ClassLoader.java:307)
        at sun.misc.Launcher$AppClassLoader.loadClass(Launcher.java:301)
        at java.lang.ClassLoader.loadClass(ClassLoader.java:252)
        at java.lang.ClassLoader.loadClassInternal(ClassLoader.java:320)
        at com.cyx.cn.Eg6_7.main(Eg6_7.java:21)
```

图 6-7 例 6-7 运行结果

(2) 代码分析。

在例 6-7 中，Male 类重写父类 Person 中的 sing()方法后，编译报错。这是因为 Person 类的 sing()方法被 final 所修饰。由此可见，被 final 关键字修饰的方法为最终方法，子类不能对该方法进行重写。正是由于 final 的这种特性，当在父类中定义某个方法时，如果不希望被子类重写，就可以使用 final 关键字修饰该方法。

(3) 知识点。

final 修饰的方法不能被子类重写。

3. final 关键字修饰变量

1) 局部变量

(1) 示例代码。

例 6-8　Eg6_8.java。

```
public class Eg6_8 {
    public static void main(String[] args) {
        final String  name = "张三";       //第一次可以赋值
        name = "李四";                     //再次赋值
    }
}
```

运行结果如图 6-8 所示。

```
Exception in thread "main" java.lang.Error: Unresolved compilation problem:
    The final local variable name cannot be assigned. It must be blank and not using a compound assignment
    at com.cyx.cn.Eg6_8.main(Eg6_8.java:6)
```

图 6-8　例 6-8 运行结果

(2) 代码分析。

在例 6-8 中，当对 name 再次赋值时，编译报错。原因在于变量 name 被 final 修饰。由此可见，被 final 修饰的变量为常量，它只能被赋值一次，其值不可改变。

(3) 知识点。

final 修饰的局部变量是常量，只能赋值一次。

2) 成员变量

(1) 示例代码。

例 6-9　Eg6_9.java。

```
//定义 Person 类
class Person {
    final String name;            //使用 final 关键字修饰 name 属性
    //定义 introduce()方法，输出 name 属性
    public void introduce() {
        System.out.println("我是一个人，名叫" + name + "。");
    }
}
```

```
//定义测试类
public class Eg6_9 {
    public static void main(String[] args) {
        Person p = new Person();     //创建 Person 类的实例对象
        p.introduce();   //调用 Person 的 introduce()方法
    }
}
```

运行结果如图 6-9 所示。

```
Exception in thread "main" java.lang.Error: Unresolved compilation problem:
        The blank final field name may not have been initialized

        at com.cyx.cn.Person.<init>(Eg6_9.java:4)
        at com.cyx.cn.Eg6_9.main(Eg6_9.java:14)
```

图 6-9　例 6-9 运行结果

(2) 代码分析。

图 6-9 中出现了错误，提示变量 name 没有初始化。这是因为使用 final 关键字修饰成员变量时，虚拟机不会对其进行初始化。因此使用 final 修饰成员变量时，需要在定义变量的同时赋值。下面将代码修改为：

```
final String name = "张三";   //final 关键字修饰的 name 属性赋值
```

再次编译程序，程序将不会出现错误，运行结果如图 6-10 所示。

```
我是一个人，名叫张三。
```

图 6-10　例 6-9 修改后运行结果

(3) 知识点。

final 修饰的成员变量是常量，不能被重置。

6.3.5　抽象类和接口

1. 抽象类

当定义一个类时，常常需要定义一些方法来描述该类的行为特征，但有时这些方法的实现方法是无法确定的。例如前面在定义 Personal 类时，sing()方法表示动物的叫声，但是针对不同的动物，叫声也是不同的，因此在 sing()方法中无法准确描述动物的叫声。针对上述情况，Java 允许在定义方法时不写方法体，不包含方法体的方法为抽象方法。

(1) 示例代码。

例 6-10　Eg6_10.java。

```
//定义抽象类 Person
abstract class Person {
    //定义抽象方法 sing()
    abstract void sing();
```

```
}
//定义 Male 类继承抽象类 Person
class Male extends Person {
    //实现抽象方法 sing()
    void sing() {
        System.out.println("低沉浑厚的唱歌");
    }
}
//定义测试类
public class Eg6_10 {
    public static void main(String[] args) {
        Male male = new Male();     //创建 Male 类的实例对象
        male.sing();                //调用 Male 对象的 sing()方法
    }
}
```

运行结果如图 6-11 所示。

```
低沉浑厚的唱歌
```

图 6-11　例 6-10 运行结果

(2) 代码分析。

从运行结果可以看出，子类实现了父类的抽象方法后，可以正常进行实例化，并通过实例化对象调用方法。

(3) 知识点。

当一个类中包含了抽象方法，该类必须使用 abstract 关键字来修饰，使用 abstract 关键字修饰的类为抽象类。

注意：包含抽象方法的类必须声明为抽象类，但抽象类中可以不包含任何抽象方法，只需使用 abstract 关键字来修饰即可。另外，抽象类是不可以被实例化的，因为抽象类中有可能包含抽象方法，抽象方法是没有方法体的，是有缺陷的方法，不能被调用。如果想调用抽象方法，则需要创建一个子类，在子类中将抽象类中的抽象方法进行实现。

2. 接口

如果一个抽象类中的所有方法都是抽象的，则可以将这个类用另外一种方式来定义，即接口。

1) 类与接口之间的实现关系

(1) 示例代码。

例 6-11　Eg6_11.java。

```
//定义了 Person 接口
interface Person {
    int ID = 1;                 //定义全局常量
```

```
        void eat();            //定义抽象方法 eat()
        void sport();          //定义抽象方法 sport()
}


//Male 类实现了 Person 接口
class Male implements Person {
    //实现 eat()方法
    public void eat() {
        System.out.println("男人在吃饭");
    }
    //实现 sport()方法
    public void sport() {
        System.out.println("男人在运动");
    }
}
//定义测试类
public class Eg6_11 {
    public static void main(String args[]) {
        Male male = new Male();    //创建 Male 类的实例对象
        male.eat();                //调用 Male 类的 eat()方法
        male.sport();              //调用 Male 类的 sport()方法
    }
}
```

运行结果如图 6-12 所示。

```
男人在吃饭
男人在运动
```

图 6-12　例 6-11 运行结果

(2) 代码分析。

从运行结果可以看出。类 Male 在实现了 Person 接口，即实现了 Person 接口中的全部抽象方法后，才可以被实例化的。

(3) 知识点。

在定义接口时，需要使用 interface 关键字来声明。

从 6-11 示例中会发现抽象方法 eat()并没有使用 abstract 关键字来修饰，这是因为接口中定义的方法和变量都包含一些默认修饰符。接口中定义的方法默认使用 "public abstract" 来修饰，即抽象方法；接口中的变量默认使用 "public static final" 来修饰，即全局变量。

由于接口中的方法都是抽象方法，因此不能通过实例化对象的方式来调用接口中的方法。此时需要定义一个类，并使用 implements 关键字来实现接口中的所有方法。

2）接口之间的继承关系

(1) 示例代码。

例 6-12　Eg6_12.java。

```java
//定义了 Person 接口
interface Person {
    int ID = 1;                      //定义全局常量
    void eat();                      //定义抽象方法 eat()
    void sport();                    //定义抽象方法 sport()
}
//定义了 YoungPerson 接口，并继承了 Person 接口
interface YoungPerson extends Person { //接口继承接口
    void young();                    //定义抽象方法 young()
}
//定义 Male 类实现 Person 接口
class Male implements YoungPerson {
    //实现 eat()方法
    public void eat() {
        System.out.println("青年在吃饭");
    }
    //实现 sport()方法
    public void sport() {
        System.out.println("青年在运动");
    }
    //实现 young()方法
    public void young() {
        System.out.println("青年具有活力");
    }
}
//定义测试类
public class Eg6_12 {
    public static void main(String args[]) {
        Male male = new Male();      //创建 Male 类的实例对象
        male.eat();                  //调用 Male 类的 eat()方法
        male.sport();                //调用 Male 类的 sport()方法
        male.young();                //调用 Male 类的 young()方法
    }
}
```

运行结果如图 6-13 所示。

```
青年在吃饭
青年在运动
青年具有活力
```

图 6-13 例 6-12 运行结果

(2) 代码分析。

在例 6-12 中，定义了两个接口，其中 YoungPerson 接口继承了 Person 接口，因此 YoungPerson 接口包含了三个方法。当 Male 类实现了 YoungPerson 接口时，就需要实现两个接口中定义的三个方法。从运行结果看出，程序可以针对 Male 类实例化对象并调用类中的方法。

注意： 接口的特点具体如下：

(1) 接口中的方法都是抽象的，不能被实例化。

(2) 当一个类实现接口时，如果这个类是抽象类，则实现接口中的部分方法即可，否则需要实现接口中的所有方法。

(3) 一个类通过 implements 关键字实现接口时，可以实现多个接口，被实现的多个接口之间要用逗号隔开。

```
interface A{ …… }
interfaceB{ …… }
class C implements A,B{ …… }
```

(4) 一个类在继承另一个类的同时还可以实现接口，此时，extends 关键字必须位于 implements 关键字之前。

```
class C extends FatherC implements A{……} //先继承，再实现接口
```

(5) 一个接口可以通过 extends 关键字继承多个接口，接口之间用逗号隔开。

```
interface A{ …… }
interfaceB{ …… }
interface C extends A,B{ …… }
```

6.3.6 多态

在设计一个方法时，通常希望该方法具备一定的通用性。例如，要实现一个人唱歌的方法，由于男人、女人、孩子的歌声特点都是不同的，因此可以在方法中接收一个人的类型的参数。当传入男人类对象时，歌声低沉浑厚；传入女人类对象时，歌声悠扬婉转。这种拥有相同的方法名，由于参数类型不同而导致执行效果各异的现象就是多态。

在 Java 中为了实现多态，允许使用一个父类类型的变量来引用一个子类类型的对象，根据被引用子类对象特征的不同，得到不同的运行结果。

(1) 示例代码。

例 6-13 Eg6_13.java。

```
//定义接口 Person
interface Person {
```

```
        void sing();                    //定义抽象 sing()方法
}
//定义 Female 类实现 Person 接口
class Female implements Person {
//实现 sing()方法
    public void sing() {
        System.out.println("悠扬婉转的歌唱！ ");
    }
}
//定义 Male 类实现 Person 接口
class Male implements Person {
    //实现 sing()方法
    public void sing() {
        System.out.println("低沉浑厚的歌唱！ ");
    }
}
//定义测试类
public class Eg6_13 {
    public static void main(String[] args) {
        Person   p1 = new Female();     //创建 Female 对象，使用 Person 类型的变量 p1 引用
        Person   p2 = new Male();       //创建 Male 对象，使用 Person 类型的变量 p2 引用
        personSing(p1);                 //调用 personSing()方法，将 p1 作为参数传入
        personSing(p2);                 //调用 personSing()方法，将 p2 作为参数传入
    }
    //定义静态的 personSing()方法，接收一个 Person 类型的参数
    public static void personSing(Person p) {
        p.sing();                       //调用实际参数的 sing()方法
    }
}
```

运行结果如图 6-14 所示。

```
悠扬婉转的歌唱！
低沉浑厚的歌唱！
```

图 6-14   例 6-13 运行结果

(2) 代码分析。

在例 6-13 中，"Person p1 = new Female();"和"Person p2 = new Male();"代码实现了父类类型变量引用不同的子类对象。当"personSing(p1);""personSing(p2);"代码调用 personSing()方法时，将父类引用的两个不同子类对象分别传入，结果打印出了"悠扬婉转

的歌唱！"和"低沉浑厚的歌唱！"。由此可见，多态不仅解决了方法同名的问题，而且还使程序变得更加灵活，从而有效地提高程序的可扩展性和可维护性。

（3）知识点。

在 Java 中允许使用一个父类类型的变量来引用一个子类类型的对象，根据被引用子类对象特征的不同，得到不同的运行结果。

6.3.7　对象的类型转换

在多态的学习中，涉及将子类对象当作父类类型使用的情况，将子类对象当作父类对象使用时不需要任何显式的声明。需要注意的是，此时不能通过父类变量去调用子类中的某些方法，接下来通过两个案例来演示。

1）案例一

（1）示例代码。

例 6-14　Eg6_14.java。

```java
//定义 Person 接口
interface Person {
    void sing(); //定义抽象方法 sing()
}
//定义 Female 类实现 Person 接口
class Female implements Person {
    //实现抽象方法 sing()
    public void sing() {
        System.out.println("悠扬婉转的歌唱");
    }
    //定义 introduce()方法
    void introduce() {
        System.out.println("我是女生");
    }
}
//定义测试类
public class Eg6_14 {
    public static void main(String[] args) {
        Female female = new Female(); //创建 Female 类的实例对象
        personSing(female);        //调用 personSing()方法，将 female 作为参数传入
    }
    //定义静态方法 personSing()，接收一个 Person 类型的参数
    public static void personSing(Person person) {
        person.sing();    //调用传入参数 person 的 sing()方法
        person.introduce();    //调用传入参数 person 的 introduce()方法
```

```
    }
}
```

运行结果如图 6-15 所示。

```
Exception in thread "main" java.lang.Error: Unresolved compilation problem:
    The method introduce() is undefined for the type Person

    at com.cyx.cn.Eg6_14.personSing(Eg6_14.java:29)
    at com.cyx.cn.Eg6_14.main(Eg6_14.java:23)
```

图 6-15 例 6-14 运行结果

(2) 代码分析。

在例 6-14 的 main()方法中，调用 personSing()方法时传入了 Female 类型的对象，而方法的参数类型为 Person 类型，这便将 Female 对象当作父类 Person 类型使用。当编译执行"person.introduce()"代码时，发现 Person 类中没有定义 introduce()方法，从而出现图 6-15 中所提示的错误信息，报告找不到 introduce()方法。由于传入的对象是 Female 类型，在 Female 类型中定义了 introduce()方法，通过 Female 类型的对象调用 introduce()方法是可行的，因此可以在 personSing()方法中将 Person 类型的变量强制转换为 Female 类型。将例 6-14 中的 personSing()方法进行修改，具体代码如下：

```
public static void personSing(Person person) {
    Female female = (Female)person;//将 Person 类的 person 对象强制转换为 Female 类的 female 对象
    female.sing();   //调用传入参数 person 的 sing()方法
    female.introduce();   //调用传入参数 person 的 introduce()方法
}
```

修改后再次编译运行，程序没有报错，运行结果如图 6-16 所示。

```
悠扬婉转的歌唱
我是女生
```

图 6-16 例 6-14 修改后运行结果

通过运行结果可以看出，将传入的对象由 Person 类型转为 Female 类型后，程序可以成功调用 sing()和 introduce()方法。需要注意的是，在进行类型转换时也可能出现错误，例如在例 6-14 中调用 personSing()方法时传入一个 Male 类型的对象，这时进行强制类型转换就会出现错误。

2) 案例二

(1) 示例代码。

例 6-15 Eg6_15.java。

```
//定义 Person 类接口
interface Person {
    void sing(); //定义抽象方法 sing()
}
//定义 Female 类实现 Person 接口
class Female implements Person {
```

```java
        //实现 sing()方法
        public void sing() {
            System.out.println("悠扬婉转的歌唱");
        }
        //定义 introduce()方法
        void introduce() {
            System.out.println("我是女生");
        }
    }
    //定义 Male 类实现 Person 接口
    class Male implements Person {
        //实现 sing()方法
        public void sing() {
            System.out.println("浑厚低沉的歌唱");
        }
    }
    //创建测试类
    public class Eg6_15 {
        public static void main(String[] args) {
            Male male =new Male();      //创建 Male 类型的实例对象
            personSing(male);           //调用 personSing()方法，将 Male 作为参数传入
        }
        //定义静态方法 personSing()，接收一个 Person 类型的参数
        public static void personSing(Person person) {
                Female female=(Female)person;  //将 person 对象强制转换成 Female 类型
                female.introduce();             //调用 Female 的 introduce()方法
                female.sing();                  //调用 Female 的 sing()方法
        }
    }
```

运行结果如图 6-17 所示。

```
Exception in thread "main" java.lang.ClassCastException: com.cyx.cn.Male cannot be cast to com.cyx.cn.Female
        at com.cyx.cn.Eg6_15.personSing(Eg6_15.java:33)
        at com.cyx.cn.Eg6_15.main(Eg6_15.java:29)
```

图 6-17　例 6-15 运行结果

(2) 示例代码。

例 6-15 在运行时报错，提示 Male 类型不能转换成 Female 类型。出错的原因是，在调用 personSing()方法时，传入一个 Male 对象，在强制类型转换时，Person 类型的变量无法强转为 Female 类型。

针对这种情况，Java 提供了一个关键字 instanceof，它可以判断一个对象是否为某个类

(或接口)的实例或者子类实例。

接下来对例 6-15 的 personSing()方法进行修改，具体代码如下：

```
public static void personSing(Person person) {
        if(person instanceof Female){//判断 person 对象是否 Female 类的实例对象
                Female female=(Female)person;     //将 Person 对象强制转换成 Female 类型
                female.introduce();                //调用 Female 的 introduce()方法
                female.sing();                     //调用 Female 的 sing()方法
        }else{
                System.out.println("性别类型不符，不能进行转换");
        }
}
```

运行结果如图 6-18 所示。

性别类型不符，不能进行转换

图 6-18　例 6-15 修改后运行结果

在对例 6-15 修改的代码中，使用关键字 instanceof 判断 personSing()方法中传入的对象是否为 Female 类型，如果是 Female 类型就进行强制类型转换，否则就打印"性别类型不符，不能进行转换"。该例程中，由于传入的对象为 Male 类型，因此出现图 6-18 的运行结果。

(3) 知识点。

使用关键字 instanceof，语法格式如下：

　　　　对象(或者对象引用变量) instanceof 类 (或接口)

6.3.8　包

1. 包的声明和使用

在程序开发中，需要将编写的类分目录存放以便于管理。为此，Java 引入了包(package)机制，程序可以通过声明包的方式对 Java 类定义目录。

(1) 示例代码。

例 6-16　Eg6_16.java。

```
package com.cyx.cn;                 //定义该类在 com.cyx.cn 包下
public class Eg6_16 {
    public static void main(String[] args) {
        System.out.println("定义一个包");
    }
}
```

(2) 代码分析。

代码编译运行后在当前目录下查看包名"com.cyx.cn"对应的"com\cyx\cn"目录，发现该目录下存放了 Eg6_16.class 文件，如图 6-19 所示。

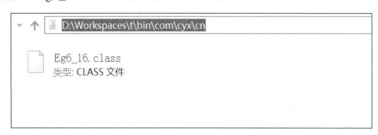

图 6-19   包

(3) 知识点。

Java 中的包是专门用来存放类的，通常功能相同的类存放在相同的包中。在声明包时，使用 package 语句。

包的语法结构：

package 包名;

例如 "package cn.cyx;"。

包机制的引入，可以对.class 文件进行集中管理。如果没有显式地声明 package 语句，类则处于默认包下。

注意：定义包的语句应是.java 源文件中的第一条可执行语句。无名包中的类不能被有名包中的类引用，而有名包中的类可以被无名包中的类引用。

2. import 语句

在程序开发中，位于不同包中的类经常需要互相调用。

(1) 示例代码。

例 6-17   Animal.java。

```java
package cn.cyx;              //使用 package 关键字声明包
public class Animal{
    public void eat() {
        System.out.println("动物在进食");
    }
}
```

例 6-18   Eg6_17.java。

```java
package cn.cyx.test;    //使用 package 关键字声明包
public class Eg6_17{
    public static void main(String args[]){
        Animal    animal=new    Animal();        //创建一个 Animal 对象
        animal.eat();                            //调用 Aniaml 对象的 eat()方法
    }
}
```

(2) 代码分析。

编译运行 Animal.java 后，会产生 "cn.cyx" 包，接下来编译运行 Eg6_17.java，这时程序会报错，如图 6-20 所示。

```
Exception in thread "main" java.lang.Error: Unresolved compilation problems:
        Animal cannot be resolved to a type
        Animal cannot be resolved to a type

        at cn.cyx.test.Eg6_17.main(Eg6_17.java:4)
```

图 6-20　例 6-18 运行结果

这是因为 Animal 类位于 cn.cyx 包下，而 Eg6_17 类位于 cn.cyx.test 包下，两者不处于同一个包中，因此若要在 Eg6_17 类中访问 Animal 类就需要使用该类的完整类名 cn.cyx.Animal，即包名加上类名。为了解决图 6-20 所示的错误，将 Eg6_17.java 的"Animal animal=new Animal();"进行修改，修改后代码如下所示：

```
cn.cyx.Animal   animal=new   cn.cyx.Animal();
```

重新编译运行 Eg6_17.java，运行结果如图 6-21 所示。

```
动物在进食
```

图 6-21　例 6-18 修改后运行结果

实际开发、定义的类都是含有包名的，而且还有可能定义很长的包名。为了简化代码，Java 提供了关键字 import，使用 import 可以在程序中一次导入某个指定包下的类，这样就不必在每次用到该类时都书写完整类名了。

接下来对例 6-18 进行修改，修改后的 Eg6_17.java 如例 6-19 所示。

例 6-19　修改后的 Eg6_17.java。

```
package cn.cyx.test;                    //使用 package 关键字声明包

import cn.cyx.Animal;                   //使用 import 语句导入包

public class Eg6_17{
    public static void main(String args[]){
        Animal    animal=new Animal();  //创建一个 Animal 对象
        animal.eat();                   //调用 Aniaml 对象的 eat()方法
    }
}
```

运行结果和图 6-21 结果相同。

例 6-19 中使用 import 语句导入了 cn.cyx 包中的 Animal 类，这样使用 Animal 类时就无须使用包名和类名的方式了。

(3) 知识点。

import 具体格式如下所示：

import 包名.类名;

如果需要用到一个包中的许多类，则可以使用"import 包名.*;"来导入该包下的所有类。

注意：import 通常出现在 package 语句之后，类定义之前。

6.3.9　访问控制

了解了包的概念，就可以系统地介绍 Java 中的访问控制级别了。在 Java 中，针对类、成员方法和属性提供了四种访问级别，分别是 private、default、protected 和 public。

这四种控制级别由小到大依次列出，如图 6-22 所示。

访问控制级别由小到大

图 6-22　访问控制级别

- private(类访问级别)：如果类的成员被 private 访问控制符来修饰，则这个成员只能被该类的其他成员访问，其他类无法直接访问。类的良好封装就是通过 private 关键字来实现的。
- default(包访问级别)：如果一个类或者类的成员不使用任何访问控制符修饰，则称它为默认访问控制级别，这个类或者类的成员只能被本包中的其他类访问。
- protected(子类访问级别)：如果一个类的成员被 protected 访问控制符修饰，那么这个成员既能被同一包下的其他类访问，也能被不同包下该类的子类访问。
- public(公共访问级别)：这是一个最宽松的访问控制级别，如果一个类或者类的成员被 public 访问控制符修饰，那么这个类或者类的成员能被所有类访问，不管访问类与被访问类是否在同一个包中。

接下来通过表 6-1 将这四种访问级别更加直观地表示出来。

表 6-1　访问控制级别

访问范围	private	default	protected	public
同一类中	√	√	√	√
同一包中		√	√	√
子类中			√	√
全局范围				√

6.4　项 目 学 做

从项目任务看出至少应该有表示学生、教师和管理员的三个类，但由于这三个类有共同的信息和功能，如果不加以处理就要在这几个类中重复出现，因此根据技术知识点的内容，我们可以从这几个类的共性中提取出一个父类 User，在这个类中包括了学生、教师和管理员的共同属性：字符串类型的 ID 号、名称、密码，为了能够进行权限管理需要增加一个整型的用户类型属性。由于这几个类都需要具有查询功能，因此在 User 类中定义方法

query()，但学生、教师和管理员查询的内容方式不同，所以 User 类中的 query()方法应该不定义方法体，即这个方法应该定义成抽象方法。因为类中有抽象方法，所以 User 类也应该定义为抽象类。

1. 抽象类 User

```java
//User.java
package stuGrade.cn;
abstract class User {
        private String userNo;          //用户 ID——系统中的唯一标识
        private String name;            //用户名称
        private String password;        //用户密码
        private int userType;           //用户类型 0—admin，1—teacher，2—student

        public final static int USER_TYPE_ADMIN = 0;
        public final static int USER_TYPE_TEACHER = 1;
        public final static int USER_TYPE_STUDENT = 2;

        //定义抽象方法进行查询操作
        public abstract String query(User user);

        //确保程序运行不出现异常，定义无参构造方法
        public User() {
            super();                    //使用 super 关键字访问父类无参构造方法

        }
        //构造方法重载：带两个参数的构造方法
        public User(String userNo, String name) {
            this.userNo = userNo;
            this.name = name;

        }
        //构造方法重载：带三个参数的构造方法
        public User(String userNo, String name, int userType) {
            //访问 User 类自身的四个参数的构造方法
            this(userNo,name,"123",userType);
        }
        //构造方法重载：带四个参数的构造方法
        public User(String userNo, String name,String password, int userType) {
            this.userNo = userNo;
```

```java
            this.name = name;
            this.password = password;
            this.userType = userType;
        }
        public String getUserNo() {
            return serNo;
        }
        public void setUserNo(String userNo) {
            this.userNo = userNo;
        }
        public String getName() {
            return name;
        }
        public void setName(String name) {
            this.name = name;
        }
        public String getPassword() {
            return password;
        }
        public void setPassword(String password) {
            this.password = password;
        }
        public int getUserType() {
            return userType;
        }
        public void setUserType(int userType) {
            this.userType = userType;
        }
        @Override
        public String toString() {
            return"User [userNo=" + userNo + ", name=" + name + ", password="
                    + password + ", userType=" + userType + "]";
        }
    }
```

　　实现学生、教师和管理员这三个类的查询功能之前，这三个类都要进行登录操作，登录功能除需要进行密码一致性验证之外，还因为身份类型的不同，需要进行身份验证，验证成功后，可以进行访问操作。登录功能使用本章所学习的接口来实现，进一步对接口加深理解。

2. 接口 Login 定义

```
//Login.java
package stuGrade.cn;


public interface Login {
        //定义抽象方法 login，形参为引用类型的 User 类的对象 user
        boolean login(User user);
}
```

学生、教师和管理员作为 User 类的子类，需要在类头用 extends 体现继承关系，父类中所有的非私有属性和方法均可以直接继承，为了调用父类带参的构造方法，要使用 super 关键词进行访问，并放在子类构造方法中的第一条可执行语句中。因为这三个类不是抽象类，因此必须对 User 类中的抽象方法实现方法体，这就是方法的重写。

学生、教师和管理员作为 Login 接口的实现类，需要在类头用 implements 体现接口实现。

3. Student 类定义

```
//Student.java
package stuGrade.cn;

class Student extends User implements Login{
        private String classNo;                        //班号
        private int age;                                //年龄

        //构造方法
        public Student(String studentNo,String name,String password,String classNo, int age) {
                super(studentNo,name,password,User.USER_TYPE_STUDENT);
                                                //第一句可执行语句，调用父类构造方法
                this.classNo = classNo;
                this.age = age;
        }

        public String getClassNo() {
                return classNo;
        }

        public void setClassNo(String classNo) {
                this.classNo = classNo;
        }
```

```java
public int getAge() {
    return age;
}

public void setAge(int age) {
    this.age = age;
}

@Override
//实现抽象类 User 中的抽象方法 query，返回值为查询结果
public String query(User user) {
    String value;
    //将 User 类对象 user 强制转换为 Student 类的对象 stu
    Student stu = (Student)user;
    //调用 login 方法，获取登录结果
    boolean result = stu.login(stu);

    if(result){
        value = stu.getName() + "同学,你本学期 Java 成绩是 95 分!";
    }else{
        value = "同学，你的密码或者身份不符合，请稍后查询";
    }
    return value;
}

@Override
//用 User 类型作为形参传入 user 对象，判定密码和用户类型，返回值为布尔型的结果
public boolean login(User user) {
    boolean result = false;
    Student stu = (Student)user;            //User 类型强制转换为 Student 类型
    int type = stu.getUserType();
    if("123".equals(stu.getPassword()) && type == stu.USER_TYPE_STUDENT)
        result = true;
    return result;
}
}
```

4. Admin 类定义

```java
package stuGrade.cn;
```

```java
public class Admin extends User implements Login{
    private String deparment;                //系部

    public Admin(String adminNo,String name,String password,String deparment) {
        super(adminNo,name,password,User.USER_TYPE_ADMIN);
        this.deparment = deparment;
    }

    public String getDeparment() {
        return deparment;
    }

    public void setDeparment(String deparment) {
        this.deparment = deparment;
    }

    @Override
    public boolean login(User user) {
        boolean result = false;
        Admin admin = (Admin)user;
        int type = admin.getUserType();
        if("123".equals(admin.getPassword()) && type == admin.USER_TYPE_ADMIN)
            result = true;
        return result;
    }

    @Override
    public String query(User user) {
        String value;
        Admin admin = (Admin)user;
        boolean result = admin.login(admin);

        if(result){
            value =  admin.getDeparment() + "专业本学期 Java 合格率是 90%!";
        }else{
            value = "同学，你的密码或者身份不符合，请稍后查询";
        }
        return value;
```

```
        }
}
```

5. 测试类

例 6-20   Eg6_18.java。

```java
package stuGrade.cn;

public class Eg6_18 {

    /**
     * @param args
     */
    public static void main(String[] args) {
        //实例化 Student 类的对象，传入实际参数
        Student student = new Student("2001","张三","123","163031",12);
        //调用 Student 类对象的查询方法，输出查询结果
        System.out.println(student.query(student));
        //实例化 Admin 类的对象
        Admin admin = new Admin("1001","张管理","456","计算机");
        System.out.println(admin.query(admin));
    }
}
```

运行结果如图 6-23 所示。

```
张三同学,你本学期Java成绩是95分!
同学，你的密码或者身份不符合，请稍后查询
```

图 6-23   例 6-20 运行结果

项目中使用了面向对象的继承、多态特性，这与第 5 章学习的面向对象的封装性构成了面向对象程序设计的三大特性：封装性、继承性和多态性。这是学习 Java 语言的精髓所在。项目还使用了 final 关键字、抽象类、接口和包。

(1) 封装性。封装是面向对象的核心思想，将对象的属性和行为封装起来，不需要让外界知道具体实现细节，这就是封装思想。

(2) 继承性。继承性主要描述的是类与类之间的关系，通过继承，可以在无须重新编写原有类的情况下，对原有类的功能进行扩展。继承不仅增强了代码的复用性，提高了开发效率，而且为程序的修改补充提供了便利。

(3) 多态性。多态性指的是程序允许出现重名现象，它是指在一个类中定义的属性和方法被其他类继承后，它们可以具有不同的数据类型或表现出不同的行为，这使得同一个属性和方法在不同的类中具有不同的语义。

6.5 强 化 训 练

Teacher 类与 Student 类、Admin 类的实现方式基本一致，请同学们自行实现。

6.6 习 题

1. 填空题

(1) 如果一个类包含一个 abstract 方法，则这个类就是一个_____类。

(2) 面向对象的程序设计语言都具有_____、_____、_____三大特性。

(3) 在子类中定义与父类相同的方法，若在多个子类中定义相同的方法，则可以调用不同子类中的相同方法而实现不同的功能，这实现了程序运行时的_____。

(4) 当子类中的变量或方法与父类的变量或方法重名时，子类的变量被隐藏，子类中的方法被重载。此时，指向父类中的变量或方法则用_____变量实现。

(5) 用来定义一个类指定继承父类的关键字是_____。

2. 选择题

(1) 下列选项中，不可以被 final 修饰的是(   )。

A. 接口   B. 类   C. 方法   D. 变量

(2) 关于被访问控制符 private 修饰的成员变量，以下说法正确的是(   )。

A. 可以被三种类所引用：该类自身、与它在同一个包中的其他类、在其他包中的类

B. 可以被两种类访问和引用：该类本身、该类的所有子类

C. 只能被该类自身所访问和修改

D. 只能被同一个包中的类访问

(3) 关于接口的表述错误的是(   )。

A. 接口中的变量为 final

B. 接口中的变量为 static

C. 类通过 extends 来实现接口

D. 接口中的方法没有方法体

(4) 若在某一个类定义中定义了"final void aFinalFunction();"方法,则该方法属于(   )。

A. 本地方法   B. 静态方法   C. 最终方法   D. 抽象方法

(5) 下列关于包的操作错误的是(   )。

A. 通过关键词 import 进行导入

B. 通过关键词 package 声明一个包

C. "import java.lang.*"表示导入包里面的某一个类

D. Java 源文件里面至多只能有一个包声明语句

3. 编程题

(1) 要求：

① 设计两个类 Student 和 Teacher。

② 抽取两个类共同的内容(如吃饭、睡觉)封装到一个类 Person 中，各自特有的部分保留在各自类中。

③ 让学生类继承 Person 类，老师类也继承 Person 类。

④ 编写测试类 Test1，测试 Student 类和 Teacher 是否继承了 Person 类的成员。

(2) 要求：

① 编写 Animal 接口，接口中定义 sleep()方法。

② Cat 类实现 Animal 接口的方法，并定义另一个方法 catchMouse()。

③ 编写测试类 Test2，使 Cat 对象指向父类 Animal 的引用，并通过该引用调用 sleep()方法。

参 考 答 案

第 1 章

1. (1) SUN

   (2) Java SE，Java EE，Java ME

   (3) Java 应用程序(Application)，Java 小程序(Applet)

   (4) 编辑源程序，编译源程序，运行编译好的类文件

   (5) javac，javac 源程序文件名.java

   (6) 类，java，class

   (7) java，java 类名

   (8) appletviewer，appletviewer html 文件名.html

   (9) main

   (10) 解释，JVM

2. 参考代码

(1)

```
public class Eg1_1{
    public static void main(String[] args){
        System.out.println("姓名：李楷乐");
        System.out.println("学号：16303123");
    }
}
```

(2)

```
public class Eg1_1{
    public static void main(String[] args){
        System.out.println("    *");
        System.out.println("   * *");
        System.out.println("  *   *");
        System.out.println("   * *");
        System.out.println("    *");
    }
}
```

3. 略

第 2 章

1. 略

2. (1) 字母，数字，下划线，$或￥

    (2) 83

    (3) x>4 && x<=10, b*b-4*a*c

    (4) 5.5

    (5) ;

    (6) 6,5

    (7) 4,19

    (8) What's your name?

    (9) byte, short, int, long, float, double, char, Boolean

    (10) package, import

3. (1) D (2) A (3) D (4) D (5) C (6) D (7) C (8) D (9) B (10) D (11) B

    (12) A (13) B (14) A (15) D (16) B (17) C (18) B (19) C (20) C

4. 参考代码

(1)

```
int today=2;
int octFirst;
int days;
days=31+30+31+31+30;
octFirst=(days%7+today)%7;
System.out.print ln("2018 年 10 月 1 日是星期"+octFirst+"。");
```

(2)

```
int r=5;
double PI=3.14;
double c, area;
c = 2*PI*r;
area = PI*r*r;
System.out.println ("半径为"+r+"的圆的周长是"+c+",圆的面积是"+area+"。");
```

(3)

```
int num, result;
Scanner scan = new Scanner(System.in);
System.out.println ("请输入一个五位整数：");
num = scan.nextInt();
result = (num+50)/100*100;
System.out.println (num+"四舍五入精确到百位结果是"+result +"。");
```

(4)

```
int num;                    //已知的三位数
int a, b, c;                //百位、十位和个位
int sum;                    //三位数各位数字之和
Scanner scan = new Scanner(System.in);
```

```
        System.out.println ("请输入一个三位整数：");
        num = scan.nextInt();
        a = num/100;
        b = num/10%10;
        c = num%10;
        sum =a+b+c;
        System.out.println (num+"各位数字之和是"+sum +"。");
```
（5）
```
        int a, b, c;              //三角形的三个边
        double p, area;          //中间变量、三角形的面积
        Scanner scan = new Scanner(System.in);
        System.out.println ("请输入一个三位整数：");
        a = scan.nextInt();
        b = scan.nextInt();
        c = scan.nextInt();
        p = (a+b+c)/2.0;
        area = aqrt(p*(p-a)*(p-b)*(p-c);
        System.out.println ("连长为"+a +"、"+、" +b +"、"+c +"的三角形面积为"+area +"。");
```
说明：(3)、(4)、(5)题都要加导入语句"import java.util.Scanner;"；(5)题还要加"import java.Math.*;"。

第 3 章

1．略
2．(1) i<90, i, sum+=i;,i++,99,100,4950
   (2) 优秀
   (3) 12
   (4) 18
   (5) false
   (6) t=x;，x=y;，y=t
   (7) 99
   (8) for(int i=10; i<100; i++) System.out.print ("P");
   (9) 2
   (10) who
3．(1) C (2) B (3) C (4) A (5) D (6) C (7) A (8) D (9) C (10) A (11) B
   (12) A (13) C (14) D (15) D (16) D (17) A (18) C (19) A (20) B
4．参考代码
(1)
```
        import java.util.Scanner;
        public class Eg3_1{
```

```java
    public static void main(String[] args){
        int i;
        Scanner scan = new Scanner(System.in);
        System.out.print("请输入一个整数： ");
        i = scan.nextInt();
        if(i%2==0)
            System.out.println(i+"是偶数。 ");
        else
            System.out.println(i+"是奇数。 ");
    }
}
```

(2)

```java
import java.util.Scanner;
public class Eg3_2{
    public static void main(String[] args){
        double r;
        double PI = 3.14;
        double a, v;
        Scanner scan = new Scanner(System.in);
        System.out.print("请输入球的半径： ");
        r = scan.nextDouble();
        a = 4*PI*r*r;
        v = 4.0/3*PI*r*r*r;
        System.out.println("半径为"+r+"的球的表面积为： "+a+";体积为： "+v+".");
    }
}
```

(3)

```java
import java.util.Scanner;
public class Eg3_3{
    public static void main(String[] args){
        char ch;
        Scanner scan = new Scanner(System.in);
        System.out.print("请输入一个字符： ");
        ch = scan.next().charAt(0);
        if(ch>='A' && ch<='Z')
            System.out.println("输入的是大写字母"+ch+".");
        else
            System.out.println("输入的不是大写字母。 ");
    }
}
```

(4)

```java
import java.util.Scanner;
public class Eg3_4{
    public static void main(String[] args){
        double salary;          //应发工资
        double salaryT;         //应纳税所得额
        double tax;
        Scanner scan = new Scanner(System.in);
        System.out.print("请输入应发工资：");
        salary = scan.nextDouble();
        salaryT = salary-salary*0.22-5000;
        if(salaryT<=0)
            tax = 0;
        else if(salaryT<=3000)
            tax = salaryT*0.03;
        else if(salaryT<=12000)
            tax = salaryT*0.10-105;
        else if(salaryT<=25000)
            tax = salaryT*0.20-555;
        else if(salaryT<=35000)
            tax = salaryT*0.25-1005;
        else if(salaryT<=55000)
            tax = salaryT*0.30-2755;
        else if(salaryT<=80000)
            tax = salaryT*0.35-5505;
        else
            tax = salaryT*0.45-13505;
        System.out.println("应发工资"+salary+"元，应纳税"+tax+"元。");
    }
}
```

(5)

```java
public class Eg3_5 {
static final int N=4;
    public static void main(String[] args) {
        int i;          //控制行
        int j;          //控制列
        for(i=1;i<=N;i++){                      //上部正三角
            for(j=0;j<N-i;j++)                  //行前空格
                System.out.print("");
```

```java
            for(j=1;j<2*i;j++)                  //第 i 行的*
                System.out.print("*");
            System.out.print("\n");
        }
        for(i=1;i<=N-1;i++){                     //下部正三角
            for(j=0;j<i;j++)                     //行前空格
                System.out.print("");
            for(j=1;j<2*(N-i);j++)               //第 i 行的*
                System.out.print("*");
            System.out.print("\n");
        }
    }
}
```

(6)
```java
public class Eg3_6 {
    public static void main(String[] args) {
        int i=2;
        int j=1;     //存放因数
        int sum=1; //存放各因数之和

        for(;i<1000;i++){
            sum=1;
            for(j=2;j<=i/2;j++)
                if(i%j==0)
                    sum+=j;
            if(sum==i)
                System.out.println(i+"是完数。");
        }
    }
}
```

(7)
```java
public class Eg3_7 {
    public static void main(String[] args) {
        int i;               //三位数
        int a,b,c;           //三位数的百位、十位和个位数字

        for(i=100;i<1000;i++){
            a=i/100;
            b=i%100/10;
```

```
                c=i%10;
                if(i==a*a*a+b*b*b+c*c*c)
                        System.out.println(i+"是一个水仙花数。");
            }
        }
    }
```

(8)
```
import java.util.Scanner;
public class Eg3_8 {
    static int gcd(int m,int n){            //最大公约数
        int r=m%n;
        while(r!=0){
            m=n;
            n=r;
            r=m%n;
        };
        return n;
    }
    static int lcm(int m,int n){            //最小公倍数
        return m*n/gcd(m,n);
    }
    public static void main(String[] args) {
        int m,n;                            //声明两个整数变量
        Scanner scan = new Scanner(System.in);
        System.out.println("请输入两个不为 0 的整数：");
        m=scan.nextInt();
        n=scan.nextInt();

        System.out.println(m+"和"+n+"的最大公约数是："+gcd(m,n));
        System.out.println(m+"和"+n+"的最小公倍数是："+lcm(m,n));
    }
}
```

(9)
```
import java.util.Scanner;
public class Eg3_9{
    public static void main(String[] args) {
        int m, n;
        int sum=0;
        Scanner scan = new Scanner(System.in);
```

```
            System.out.println("请输入构成数的数字(1~9)：");
            m=scan.nextInt();
            System.out.println("请输入最大数的位数：");
            n=scan.nextInt();
            for(int i=n;i>0;i--){
                int t=
                sum+=m*i*Math.pow(10, n-i);        //指数函数
            }
            System.out.println(sum);
        }
    }
```

(10)
```
    public class Eg3_10 {
        public static void main(String[] args) {
            int cock;                        //公鸡数
            int hen;                         //母鸡数
            int chicken;                     //小鸡数
            int count=0;                     //方案数
            for(cock=0;cock<25;cock++)       //可以是<=100
                for(hen=0;hen<33;hen++){     //可以是<=100
                    chicken=100-cock-hen;
                    if(5*cock+3*hen+chicken/3==100 && chicken%3==0){
                        count++;
                        System.out.println("购买方案"+count+"：公鸡"+cock+"只，母鸡
"+hen+"只，小鸡"+chicken+"只。");
                    }
                }
        }
    }
```

第 4 章

1. (1) int[] M = new int[4][8];
   (2) 12, 0, 3
   (3) int
   (4) 下标，array.lengtth
   (5) 0.0f
   (6) i=0, i<8, "\t"+h[i][i]
   (7) 1   3   5   7

(8) 把数组元素从小到大排序并输出

(9) 删除数组中的第 5 个元素，并把删除数据后的数组输出

(10) scan.nextInt(), a[i]

2. (1) C   (2) B   (3) B   (4) B   (5) B   (6) C   (7) B

   (8) C   (9) B   (10) C   (11) D   (12) D

3. 参考代码

(1)

```java
import java.util.Scanner;
public class Eg4_1{
    public static void main(String[] args){
        Scanner scan = new Scanner(System.in);
        System.out.print("请输入一个字符串：");
        String str = scan.next();
        char[] arr = str.toCharArray();
        for(int i=0;i<arr.length;i++)
            System.out.print(arr[arr.length-i-1]);
        System.out.println();
    }
}
```

(2)

```java
import java.util.Scanner;
public class Eg4_2{
    public static void main(String[] args){
        int count=0;            //统计匹配的字符个数
        Scanner scan = new Scanner(System.in);
        System.out.print("请输入一句话：");
        String str = scan.nextLine();
        System.out.print("请输入要统计的字符：");
        char ch = scan.next().charAt(0);
        char[] arr = str.toCharArray();
        for(int i=0;i<arr.length;i++){
            if(arr[i]==ch)
                count++;
        }
        System.out.println("\""+str+"\""+"中有"+count+"个"+ch);
    }
}
```

(3)

```java
import java.util.Scanner;
public class Eg4_3 {
```

```java
public static void main(String[] args) {
    Scanner scan = new Scanner(System.in);
    double[] scores = new double[100];
    double sum = 0;
    int count = 0;
    do {
        System.out.print("请输入一个成绩(0~100，负数时结束：");
        scores[count] = scan.nextDouble();
        sum += scores[count];
    } while (scores[count++] >= 0);
    double average = (sum - scores[count]) / (count - 1);
    int numOfAbove = 0;        //高于平均成绩的人数
    int numOfBelow = 0;        //低于平均成绩的人数
    for (int i = 0; i < count - 1; i++)
        if (scores[i] >= average)
            numOfAbove++;
        else
            numOfBelow++;
    System.out.println("平均成绩是：  " + average);
    System.out.println("高于或等于平均成绩的人数：  " + numOfAbove);
    System.out.println("低于平均成绩的人数：  " + numOfBelow);
    System.exit(0);
    }
}
```

(4)

```java
import java.util.Scanner;
public class Eg4_4{
    public static void main(String[] args){
        String result = "是回文！";
        Scanner scan = new Scanner(System.in);
        System.out.print("请输入一个单词：");
        String str = scan.next();
        char[] arr = str.toCharArray();
        for(int i=0;i<arr.length/2;i++){
            if(arr[i]!=arr[arr.length-i-1])
                result = "不是回文！";
        }
        System.out.println("\""+str+"\""+result);
    }
```

```
        }
(5)
    public class Eg4_5 {
        public static void main(String[] args) {
            final int N=10;
            int yh[][]=new int[N][N];                //定义杨辉三角形的大小
            int i,j;

            yh[0][0]=1;                              //计算每行的元素值
            for(i=1;i<N;i++){
                yh[i][0]=yh[i-1][0];
                for(j=1;j<i;j++)
                    yh[i][j]=yh[i-1][j]+yh[i-1][j-1];
            }

            for(i=0;i<N;i++){                        //输出杨辉三角形
                for(j=0;j<i;j++)
                    System.out.print(yh[i][j]+"\t");
                System.out.println();
            }
        }
    }
```

第 5 章

1. (1) 初始化对象，为对象分配空间
   (2) 属性，行为，实例
   (3) 类名，无参构造
   (4) new
   (5) 成员变量，局部变量
2. (1) B   (2) D   (3) C   (4) B   (5) B
3. 参考代码
(1)

```
    class Student{
    String name;
            int age;
            void speak() {
        System.out.println("我的名字是 "+name+"，今年 "+age+"岁");
    }
```

```
    }
```

(2)

```
    public class Demo {
        public static int getSum(int a,int b){
            return a + b;
        }
        public static void main(String[] args) {
            int result = Demo. getSum(2,3);
            System.out.println(result);
        }
    }
```

(3) 略

第 6 章

1. (1) 抽象
   (2) 封装，继承，多态
   (3) 多态
   (4) super
   (5) extends
2. (1) A   (2) C   (3) C   (4) C   (5) C
3. 参考代码

(1)

```
    class Person {
        String name;//姓名
        //吃饭的功能
        void eat() {
            System.out.println("吃饭  ");
        }
        //睡觉的功能
        void sleep() {
            System.out.println("睡觉");
        }
    }
    class Student extends Person {
        //学号
        int sid;
    }
    class Teacher extends Person {
```

```java
        //工号
        int tid;
        //教课的功能
        void teach() {
                System.out.println("老师教课");
        }
}
public class Test1 {
        public static void main(String[] args) {
                Student s = new Student();
                s.eat();
                s.sleep();
                System.out.println("----");
                Teacher t = new Teacher();
                t.eat();
                t.sleep();
                t.teach();
        }
}
```

(2)

```java
interface Animal {
        void sleep();
}
class Cat implements Animal {
        void catchMouse() {
                System.out.println("抓老鼠");
        }
        public void sleep() {
                System.out.println("睡觉");
        }
}
public class Test2 {
        public static void main(String[] args) {
                //多态
                Animal animal = new Cat();
                animal.sleep();
        }
}
```

参 考 文 献

[1]　鲁辉. Java 程序设计[M]. 北京：地质出版社，2006.

[2]　王路群. Java 语言程序设计教程[M]. 大连：东软电子出版社，2016.

[3]　周绍斌. Java 面向对象程序设计[M]. 大连：东软电子出版社，2016.

[4]　姚海军. C 语言程序设计[M]. 西安：西安电子科技大学出版社，2011.

[5]　北大青鸟. 使用 Java 实现面向对象编程[M]. 北京：科学技术文献出版社，2009.

[6]　畦碧霞. Java 程序设计项目教程[M]. 北京：高等教育出版社，2017.

[7]　黑马程序员. Java 基础案例教程[M]. 北京：人民邮电出版社，2017.

[8]　王振飞. Java 语言程序设计[M]. 广州：华南理工大学出版社，2015.

[9]　刘志宏. Java 程序设计教程[M]. 广州：航空工业出版社，2015.

[10]　王希军. Java 程序设计案例教程[M]. 北京：北京邮电大学出版社，2014.